「生きている」を見つめる医療

ゲノムでよみとく生命誌講座

中村桂子＋山岸 敦

はじめに

一生健康に暮らしたい。誰もが願う気持ちです。適切な栄養を摂り、適度な運動をし、ゆったりとした趣味の時間を楽しみ、そしてなにより大事なのは思いきり仕事をすることでしょう。もちろんこの仕事の中には、家事・育児も入っています。家族や友人と支え合って、明るく過ごす一生を望みます。

でも、なかなかこううまくはいきません。思いがけずけがや病気に襲われますし、老化による体の衰えは避けられません。そこで医療が個人の生活にとっても、社会にとっても大事な存在になります。

一人一人が内に持つ生きる力を十分に発揮し、一生健康に暮らすことを支えるのが医療です。このような医療の本質を見つめ、少しでもそれに近い医療を現実のものにしたい。まずはこれからの医療の担い手となる、医師を目指して勉強している若い方に読んでもらうことを想定してこの本を書き始めました。

ただしこの本は、医療の「専門書」ではありません。私たちが一生を送る間、ほぼ全ての人――医師も含めて――が、患者として医療に接することになります。本書は、そのような今を生きる全ての人にとっての医療のあり方を考え、さらに「私が生きているとはどういうことか」という、「私」を知るための基本を考える本としても読んでいただけるはずです。

一生を支え続ける医療(ライフステージ医療)こそオーダーメイド医療

著者の一人(中村)は、一九七〇年代に「ライフステージ・コミュニティ」を提案しました。

その頃、社会は一つの曲がり角にありました。科学技術の進歩がかならずしも人間が〝よく生きる〟ことにつながるとはかぎらないという気持ちが多くの人の中に生まれていたのです。技術や制度が先にあり、それに合わせて生きるのではなく、一人一人が思いきり生きることを第一にし、それを支える技術や制度を考える時が来ていたのです。

そこで、人間の一生を乳児期、幼児期、学童期、青年期、壮年期、老人期(前期、後期)に区分し(これをライフステージと名づけたのもその時です)、どのステージでも、そのステージを十分に生きる、先のステージのための準備が十分できる、他のステージとの関係が円滑であるという三つの側面を満足させる技術や社会システムを考えました。

人間は生まれてから死ぬまでのあらゆるステージを気持ちよく思いきり生きたいと思います。ところが現代社会は、労働年齢の人たちを中心に組み立てられています。

子ども時代は、大人になった時に暮らしが安定するための準備期間としての意味が大きく、子どもとして体験しなければならないこと、楽しみたいことが思う存分できません。また労働年齢を過ぎると、高齢者として社会のお荷物のような位置づけになってしまうのも辛いことです。人生のあらゆるステージを自分らしく生きられる社会でありたいと思います。

そのような社会を作るには、個人の一生を見続ける医療が必要です。一人の人をずっと見守ってくれる医師がおり、病気の時は最適な処置をしてくれる（必要な時は高度の専門性を持つ専門医を紹介してくれる）という医療システムになっていることが望まれます。医療にはさまざまな面があり、複雑ですが、ここでは「ある人を、一生の間支え続ける」という一つの切り口に絞り、これを「ライフステージ医療」と名づけました。「ライフステージ医療」を生活者、つまり「私」という視点から見ると、これは、「私を見続け支援してくれる医療」、つまり「オーダーメイド医療」にほかなりません。

ニュースや新聞で紹介される「オーダーメイド医療」は、個人ごとに持っているゲノムが異なり、そのために病気になりやすさや薬の効き方が違うから、個人のDNA解析の結果を医療に役立てようという方法をさしています。

ヒトゲノム（ヒトの細胞内にある全DNA）が解析され、一人一人のゲノムの特徴を知ることもある程度可能になりましたから、それを医療に利用することは大事です。しかし、それだけではオーダーメイド医療は成し遂げられません。

オーダーメイド医療は、言葉通り、人間一人一人に向き合う医療です。最先端の医療技術だけで実現されるものではなく、一人の人間の全てを見続けてくれる医療です。「今日は顔色がいつもと違いますね」。そこから始まり、必要な検査や治療につなげる。日常生活を踏まえて治療を選択する。もちろん、最先端科学の知識（たとえばゲノム情報）も積極的に活用する。本書では、こんな医療を考えていきます。

医療は通常、医療従事者と患者を対置します。そして、これまでの医療があまりにも専門家主導であったことの反省から、患者本位にしようという提案がなされています。それは重要な視点ですが、患者と専門家とを分ける以前に、そもそも人間を診る（見る）とはどういうことなのかという、基本の基本から掘り下げることが重要でしょう。

生きものとしての「私」を見る

ライフステージ医療を考えるうえで大事なことは、私たち人間もヒトという生きものであるというあたりまえのことです。

十九世紀に生物学の中で四つの大きな発見（生物は進化し、細胞でできており、遺伝子を伝え、化学反応に支えられていること）があり、生きもの全てが持っている特徴がわかってきました。二十世紀になると、細胞の中には必ずDNAが入っていること、DNAが遺伝子の本体であること、DNAはRNAを通してタンパク質を作り、それがはたらいて全ての生きものは生きているのだということがわかりました。

全ての生きものの中には、もちろんヒトも入っています。現代生物学（生命科学）は、生きものを知ることと人間を知ることが、分かちがたく結びついていることを示したのです。地球上の多様な生きものの一つ、ホモ・サピエンスとしてのヒトと、社会的存在としての人間。私たちはヒトでも人間でもあるという両面を考え合わせることが大事です。

「私たちは生きものである」。

あたりまえのことですが、私たちの社会や医療はこのような考え方で作られているでしようか。

オーダーメイド医療を成立させるには、「生きものとは何か、ヒトとは何か」を考え、その中での「人間としての私」を考えていかなければなりません。そこで皆さんに「生命誌」という考え方を紹介したいと思います。

生命「科学」ではなく、生命「誌」。「誌（history）」は、歴史物語という意味を持っています。生きものの歴史や関係を知り、その中での人間の歴史や関係を考えていく。生命科学の領域ももちろん含まれますが、科学で得られた知識をどうやって生きた知恵に結びつけるかという、科学を表現することまで含む、新しい知のありかたです。医療もこの物語の中にあるのではないでしょうか。

ヒトと人間、知識と知恵。本書では常にこのような重ね合わせをしていきます。これは、人間が内に持つ生きる力を支える医療の実現につながり、ひいては一人一人がいきいきと生きる社会づくりにつながるはずです。

「私」とゲノム

生命誌では、生きものを考える時、「ゲノム」(genome　ドイツの生物学者ヴ

生命誌から生まれた世界観
ヒトとしての私を取り巻く自然、人間としての「私」を取り巻く人工。人工が自然と人間を切り離すのではなく、自然-人間-人工という関係にあることが重要。

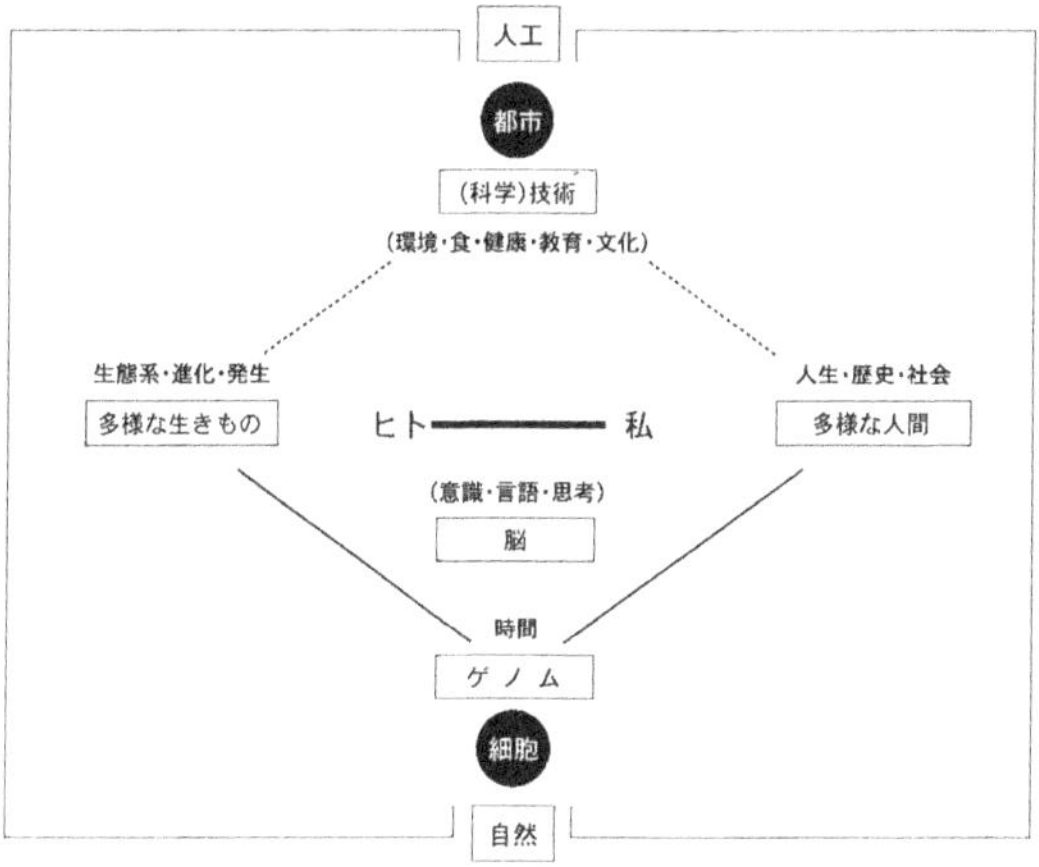
人工
都市
(科学)技術
(環境・食・健康・教育・文化)
生態系・進化・発生
多様な生きもの
ヒト
私
人生・歴史・社会
多様な人間
(意識・言語・思考)
脳
時間
ゲノム
細胞
自然

インクラーが名づけた〔一九二〇年〕。遺伝子〔Gen〕と染色体〔Chromosom〕からの造語といわれる。
現在は細胞内に入っている全DNAを一まとまりと考えてゲノムという。これが〝生きている〟を支える基本単位なので、筆者は「生命子」と呼ぶ）を切り口とします。そしてゲノムは、「生きものとしての私」を考える切り口としてももちろん有効です。ヒトゲノムプロジェクトでは、「病気になりやすさ」がゲノム情報でわかることをオーダーメイド医療といっていますが、ここではゲノムからまるごとの人間を見ます。

まず基本をおさえておきましょう。ゲノムは細胞の中にあるDNAの総体をさします。ヒトの細胞にはヒトゲノム、大腸菌には大腸菌ゲノムがあり、そのはたらきがヒトをヒトとし、大腸菌を大腸菌とするのです。

詳細はこれから述べていくこととして、ゲノムは生きものそれぞれの特徴の基本を決めるものです。そして、同じヒトでも一人一人の持つゲノムにはそれぞれ特徴があります。つまりゲノムを見ると、多様な生きものとつながりながらヒトという特徴を持ち、ヒトとして人類全てとつながりながら私という特徴を持つ、個人が浮かび上がるのです。

さらに「私のゲノム」は、両親から受け継ぐものですから、それをさかのぼれば人類の歴史が見え、さらには地球上に生命が誕生してから一度もとぎれなかった三十八億年の歴史が見えてきます。

まさに長い長い歴史と、とても多様な関係の中にある「私」が浮かび上がるのです。閉じた私ではなく開いた私です。ゲノムを切り口として考える意味はここにあります。

そのような私を見つめ、ゲノムを切り口にしながら（後で説明しますが、これはゲノムだけで考えるということではありません。あくまでも切り口です）、ライフステージ医療を通してのオーダーメイド医療を考えていきたいと思います。

目次

本文扉・帯イラスト／Ishizu Masakazu（Fits）

本書と連動したweb記事を、大きく8つの内容に分類しました。このマークがあれば、本文の関連記事がwebで読めることを示しています。

http://kouza.brh.co.jp/

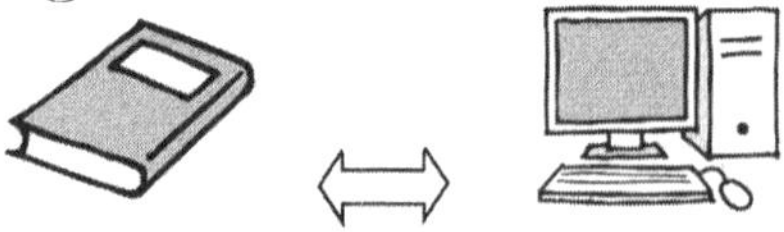

本書と合わせてweb記事も楽しんで下さい！

本文をより深く理解することができ、生きものや人間が“生きている”ということを実感できるさまざまな話題をインターネットでじっくりお読みいただけます。上記のＵＲＬまたはＱＲコードからwebにアクセスし、リンクをたどってお読み下さい。（コンピュータでの閲覧をおすすめします）

第一章　生まれる

1　産むと生まれる

あなたのライフステージは、あなたの誕生から始まります。しかしあなたが生まれるまでには両親、祖父母の存在があり、そのつながりあってのあなたなのです。このつながりは、全ての生きものとのつながりでもあります。

私はどこから来て、どこへ行くのか。誰もが一度は考える疑問でしょう。宗教や哲学や文学は、この問いへの答えを探す作業であるといってもよいと思います。

本書では、この問いに対しても「生きものとして考える」ことを続けます。祖先からのつながり（それはたんに親類縁者という意味ではなく、人類だけに限るのでもなく、生きもの全体とのつながりです）を持って生まれる私は、育ち、暮らし、老い、そして死んでいきますが、その後もつながりは続いていきます。あなたの一生が、生きものの連鎖の一つとしてあるということを考えながら、そのなかであなたがよく生きることを支えようというのが、ライフステージ医療です。

日本では現在、ほとんどの人が病院で出産します。子どもを産むことはもちろん病気ではありませんが、時に予期できないことが生じる場合もあり、安心した環境で子どもを産めることは母親の精神的・肉体的な負担の軽減に大きく役立ちます。医療がこの場面で果たすべきことは、母子の健康に気を配り、出産が無事にすむのを見守ることです。そして万一の場合には手助けをする。つまり、「産む人」と「生まれる人」を支える医療です。この医療の恩恵を受けられないために、全世界では年間に五十万人以上の女性が出産に伴うリスクで死亡していると推定されています。

出産とはまさに、両親からゲノムを受け継ぎながら唯一無二の存在としての「私」が生まれることです。ゲノムは、「産む」場面でも「生まれる」場面でも大いにはたらきます。

医療とゲノムの関係といえば、ゲノムが個人の体質を決める、ゲノムで病気が診断できるといった面が、近年、特に強調されています。しかしその前に、まずヒトが持つゲノムのはたらきを知り、全ての生きものを三十八億年間支えてきたゲノムの持つ力を知ることから始めましょう。

1・1　生きものをつなぐゲノム

医療は、人間の肉体や精神についての一般的な知識を基に、特定の個人の健康を見る行為です。一方、「ゲノム」はもともと生物学の用語で、「ヒトゲノム」という言葉は、他の生物の中にあるヒトとしての存在を意識させるものです。

最近、医療にもゲノムが登場しつつありますが、ゲノムの意味を生かすには、あなた自身の中にある個人、人間、生きものという三つの側面を細かく見ていく必要があります。

ゲノムを持って生まれる人間

私が生きているということを考える時、ここまで生命が続いてきたという事実に目を向ける必要があります。具体例として、左の系図を見てください。ある人について、祖父母までの一生の時間を縦線で表したものです（本人を含めて何人かの人生は継続中です）。

この例では直接の親子関係しか記していませんが、あなたの系図を、兄弟やいとこ、おじ・おば、おい・めいまで詳しく書いてみてください。「私」に関わる人たちが、現在だけではなく、生まれる以前から続いているのだということ、これからも続いていくのだということが実感できるでしょう。

精子の中の小人

17世紀末に描かれた図。細胞説の登場前であり、細胞より小さい「個体」を想定することに矛盾はなかった。(Nicolas Hartsoeker：1694)

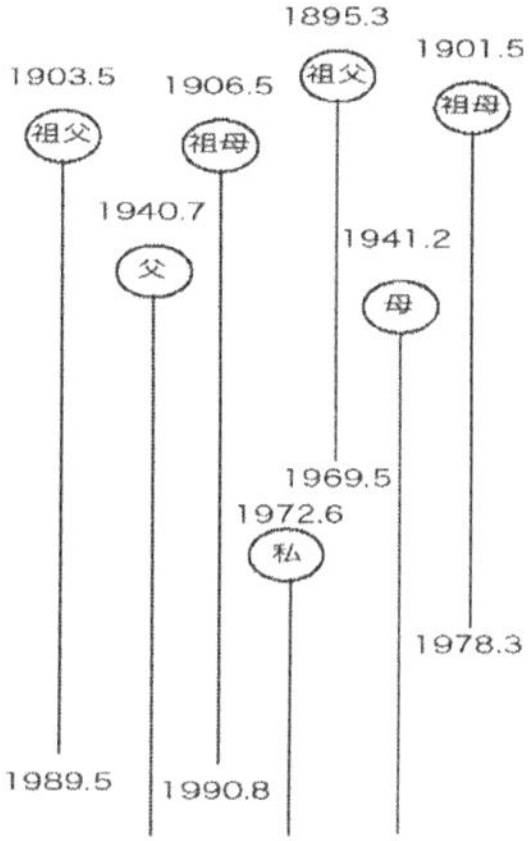

ある家族の系図

さまざまな人の人生が重なって、「私」が生まれる。

生物学では、この「続く」ことを支える実体を探してきました。十九世紀までは、生きものは自然に発生したという考えも根強かったのです（日本語でも「ウジがわく」といいます）。ヒトの発生に受精が関与することがわかってからは、卵か精子のどちらかに小人が入っていて、その小人の中にまた卵か精子があって……と、ロシアの入れ子人形マトリョーシカのように個体があらかじめ用意されているという説も登場しました。

二十世紀の生物学は、親から子へと渡される実体はＤＮＡであることを明らかにし、一九五三年にその二重らせん構造が解明されて以来、DNAを基本にする生物学が進展しました。DNAが、生きものの体を作ってはたらかせる情報を持ち、しかもその情報を受け渡していくのです。

当初、DNAは設計図とされ、遺伝子に、体の部品を作りはたらかせるための細かい情報が書きこまれ、その情報で全てが動いていると考えられていました。遺伝子決定論です。全ての事象に対応する遺伝子があるとされ、「○○の遺伝子」という言葉が使われました。しかし、複雑な生命現象と遺伝子は、一対一の関係で対応するわけではありません。体の中で起きていることはどれも多くの遺伝子が関係しあっているのです。細胞の中にあるDNAの全て（ゲノム）が全体としていかにはたらくかを考えなければ〝生きている〟を捉えることはできないということがわかってきました。

一つ一つの遺伝子は体に必要なタンパク質を作るのですが、これらのタンパク質がいつ、どこでどれだけ作られ、どのようにはたらくか。これは、その時の体の状態、環境によっても変わります。これはとても大事な視点です。DNAを遺伝子として見ると、還元論、決定論、機械論になります。機械を分解するように人間を分析することはたしかにできます。そこから得られる知識は重要です。しかし、それを医療につなげる時は、人間全体として見ることが大事です。ゲノムは分析と全体をつなぐ切り口として有効なのです。

個人の誕生は、必ず一個の受精卵から始まります。受精卵が持つ、個人の体質を決める基本は核に存在するゲノムです（後述するように環境の影響ももちろんありますが、ここでは、それは当然あるものとして、まずゲノムに注目します）。

受精卵では、卵と精子がそれぞれ持っていた母親由来と父親由来のゲノムが一つの細胞に同居します。ヒトの体を作る体細胞には、四十六本の染色体が存在します。内訳は、大きい順に一から二十二までの番号がついた染色体（常染色体）を一対《つい》と、XとY（男性）もしくはXとX（女性）の性染色体のペアです。精子や卵にはその半分の二十三本が入っています。精子も卵も細胞として立派に生きていますから、それらの持つ二十三本の染色体を「ゲノム」と呼んでも間違いではありません。

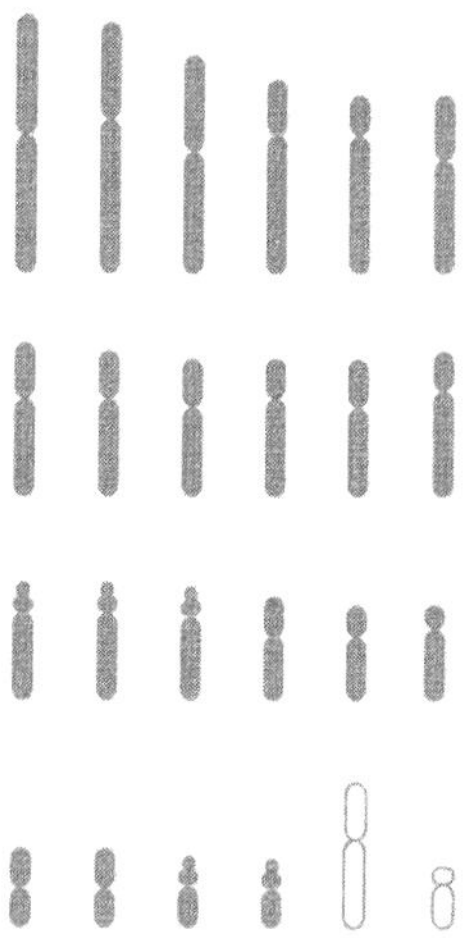

ヒトの染色体

22本の常染色体（ ）とX、Yの性染色体（ ）で構成される。

「ゲノム」という生物学用語は、専門的に正確な記述をするとわかりづらい面があるので、ここでは、受精卵に入っている染色体四十六本分のDNAを「ゲノム」と定義します。この一揃えが入っていてはじめて、人間が生まれ、一生を暮らせるからです。ヒトゲノムとは、ヒトの受精卵、そこから生じるヒトの体細胞が持つＤＮＡ全体のことと捉えてください。

ヒトゲノムのＤＮＡ配列を全部解読しようという「ヒトゲノムプロジェクト」が進み、その結果、個人ごとのＤＮＡ配列の差はおよそ〇・一％という数字が出ました。つまり、私たちは、ヒトとして他の生物とは異なる共通のゲノムを持っていますが、その中でお互いに〇・一％ずつ違うゲノムを持っていることになり、これが「私のゲノム」になります。誰もが、「ヒトゲノム」を持つ仲間でありながら「私のゲノム」を持つ個性ある存在として生まれるのです。

三十八億年のゲノムへの信頼

生物学では「カエルという名のカエルはいるか」という謎かけをします。現実にいるのは、トノサマガエル、アマガエル、ヒキガエル……であり、「カエル」はその総称です。同じように「ゲノム」という名前のゲノムも存在しません。あるのは、ヒトゲノム、イヌゲノム、イネゲノム、大腸菌ゲノムであり、さらには個体それぞれのゲノムです。

これまで、ＤＮＡは遺伝子と呼ばれることが多かったので、「ゲノム」と「遺伝子」の関係を述べておかなければなりません。「遺伝子」という言葉の定義もまた、正確に記述

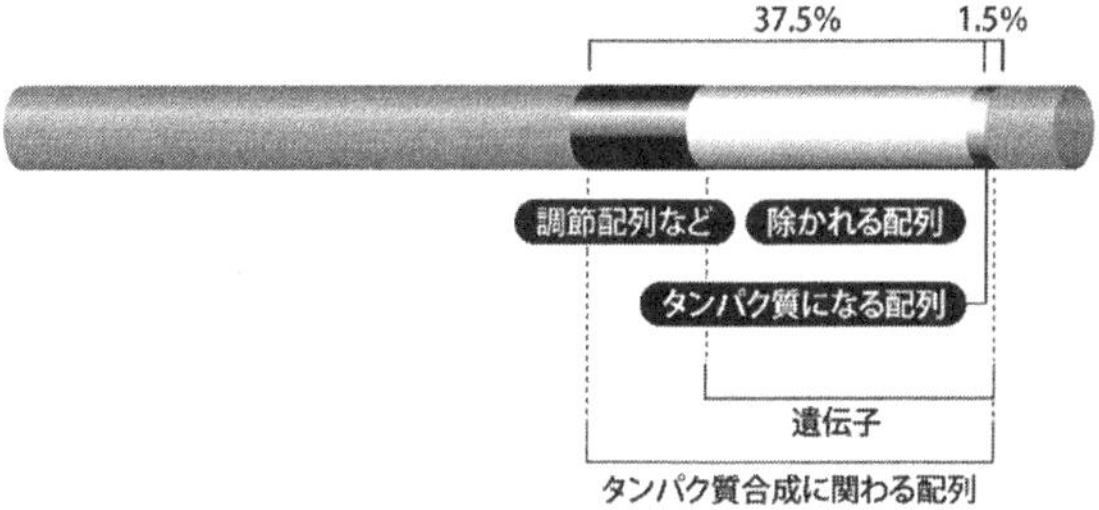

ヒトゲノム塩基配列の中の遺伝子の割合

一般的に「遺伝子」と呼ばれる領域はゲノムの3分の1ほどあるが、その大半はタンパク質を作る過程で捨てられる情報で、タンパク質の設計図となる部分は1.5%にすぎない。遺伝子以外はくり返し配列、ウイルスの入った配列など、まだはたらきのわからないところ。

しようとすればするほど混乱してしまう複雑なものなので、大雑把な話になりますが、細胞内にあるDNA全体がゲノム、その中で、私たちの体を作ったり、はたらかせたりするのに必要なタンパク質を作るための指令を出す部分を〝遺伝子〟と呼びます。インスリン遺伝子とか成長ホルモン遺伝子という具合です。

　このように呼べるものは、ヒトで約二万二千個。意外に少ないことに研究者は驚きました。実は、このようなタンパク質のアミノ酸の並びを指定する部分は、ゲノムの中の一・五％にすぎません。それをいつ、どのようにはたらかせるかを決める調節部分を含めると、五〇％近くになりますが、それでもまだ五〇％。残りの五〇％については、単調な配列が繰り返し現れている部分も多く、生命現象との関わりがよくわかりません。もっとも、繰り返しの数が違うために病気になる例もありますし、ゲノムの三分の二はRNAにまでは読まれるということもわかってきましたので、タンパク質を作らない部分にどのような意味があるのかこれから見ていかなければなりません。

〝○○遺伝子〟と呼べる部分がいかに少ないか、これだけを見ても、遺伝子決定論ではなくゲノム全体を見る必要のあることがわかります。

ここでちょっと気づいていただきたいのは、自然界では、遺伝子が遺伝子だけで独立して存在することなどないということです。遺伝子は、必ずゲノムの中にあり、必ず細胞の中にあります。イヌが歩いていればそこにはイヌの細胞があり、イヌゲノムとしてのDNAがありますが、遺伝子が転がっているということはありません。

遺伝子が遺伝子として存在するのは実験室の中だけです。地球上に生命体が誕生して以来三十八億年間、DNAはさまざまな生きものの中のゲノムとして続いてきたわけです。

医療は人間の長い経験の技に裏打ちされたものであり、一方で私たちの細胞の中ではたらくゲノムには三十八億年の実績があるのです。まずは、続くことに長《た》けている生きもののシステムのみごとさを信頼し、それがうまくはたらくことを手伝う人間の技も歴史あるものと信頼していこうというところに、ライフステージ医療の基本があります。

1・2「産む」準備と「生まれる」準備

受精と着床は、出産までの重要な局面です。このとき両親から受け継いだゲノムは非常に巧妙な仕組みで胎児が育つ準備をします。そして胎児は、発生の初期の段階ですでに次の世代（妊婦からすれば孫の世代）の準備を始めます。生命をつないでいくことは、ヒトという生きものにとって大きな優先事項なのです。

受精は、産むことと生まれることの始まりです。生きものとしての人間が持つこの営みを、受精の前後から見ていきましょう。

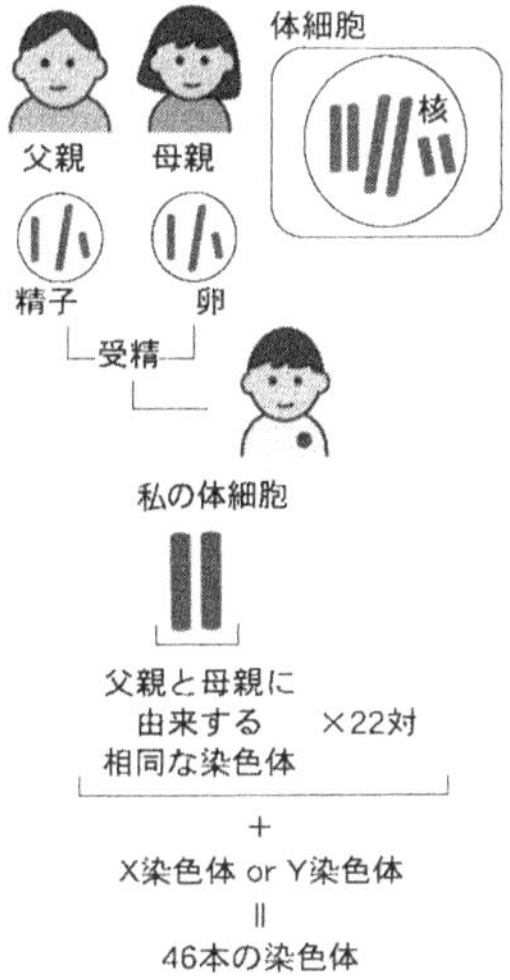

私ゲノム
両親に由来するゲノムを半分ずつ持つ。

卵と精子

受精卵のゲノム、つまり「私のゲノム」は、精子のゲノムと卵のゲノムが一つの細胞に同居しているのですから、「私ゲノム」は母親のゲノム半分、父親のゲノム半分でできていることになります。このようにして世代から世代へと確実につながっていくのが生きものです。ただしこれは、必ずしも両親の性質を半分ずつ受け継いでいるということではありません。

母親と父親のそれぞれの体を作っている細胞（体細胞）に入っているゲノムは、もちろんそれぞれが受精卵だった時に入っていたゲノムがそっくりそのまま複製されたものです。つまり両親の体細胞には、それぞれの祖父の精子由来二十三本、祖母の卵由来二十三本の染色体がそのままのかたちで同居しているわけです。

ところで、母親と父親がそれぞれ卵と精子（生殖細胞）を作る時、減数分裂という非常に興味深いことが起きます。祖父母それぞれから来た染色体が対《つい》同士で一度混ざり合い（対合《ついごう》といいます）、そして再び分かれるのです。

こうして生じた染色体は、母親、父親の体細胞にある染色体と同じではありません。ある部分は祖父由来、ある部分は祖母由来という、一本一本の染色体の中で祖父母のＤＮＡが混ざり合ったものが私に受け継がれるのです（おじいさん似、おばあさん似が生まれる所以《ゆえん》です）。これは染色体の組換えと呼ばれる現象で、通常一本の染色体で一ヵ所以上は組換えが起こります。

祖父と祖母という別の個体に由来する染色体が混ざり合ってできた新しい染色体を二十三本持つ卵と精子ができ、それがまた組み合わさって生まれた私は、それまで存在してきた個体のどれとも違う唯一無二のゲノムを持つことになります。同じ両親から生まれても兄弟姉妹のゲノムが違うのはこのためです。

　仮にこのような染色体の組換えが起こらなかったとしても、卵や精子に送られる染色体のうち、どれが祖父由来でどれが祖母由来かは偶然に決まるので、二十三本の染色体の組み合わせには二の二十三乗の可能性が生まれます。これだけでも十分の多様性なのに、生きものは、それ以上の多様性を生じさせる仕組みを作っているわけです。減数分裂というこの仕組みは、生物の持つさまざまな仕組みの中でも感心させられるものの一つです（実はそれだけに入り組んでいて、生物学で最もわかりにくいと悪評高い現象でもあるのですが）。

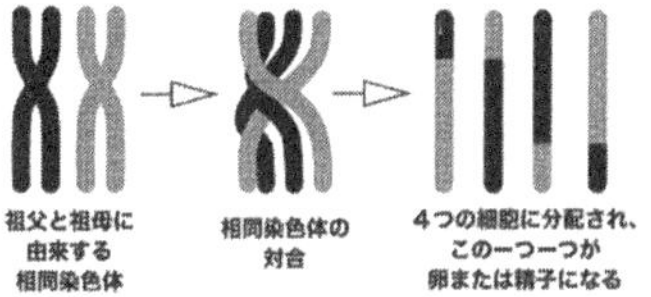
祖父と祖母に
由来する
相同染色体
相同染色体の
対合
4つの細胞に分配され、
この一つ一つが
卵または精子になる

減数分裂の仕組み（私のもととなる母親の卵、父親の精子ができる時として考える）
通常の細胞分裂（体細胞分裂）とは異なり、染色体の組換えが起こる。このようにして、常に新しい染色体が生まれる。

　このように、卵と精子のできかたをゲノムと染色体の立場から考えると、面白いことが見えてきます。あなたの体細胞では、両親に由来するゲノムが同居してはたらいているわけですが、それぞれが別々の染色体として存在しているという意味ではまさに「核内同居」です。ところがあなたが生殖細胞を作る時に起こる減数分裂の過程で、あなたの両親由来のゲノムは染色体レベルで混じり合う、つまり

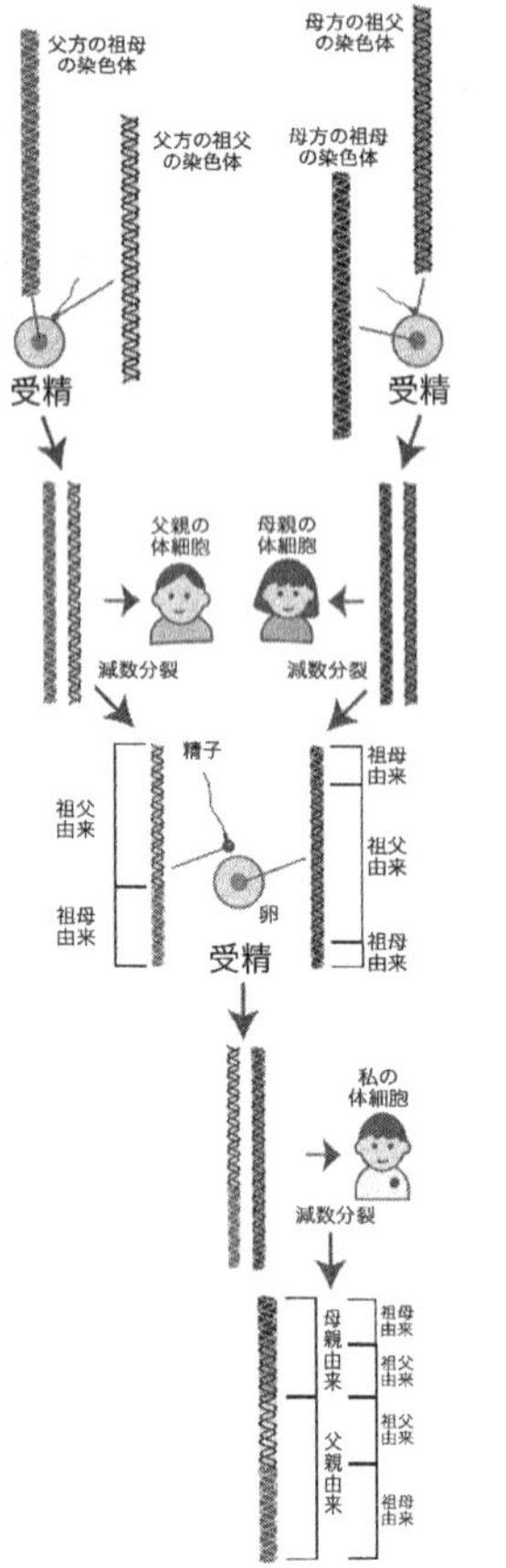

染色体の混じり合い
祖父母の染色体は親世代の細胞で同居し、子どもの染色体で混じり合っていることに注意。(一本の染色体で例を示した)

「結婚」するのです。精子や卵にあなたのゲノムの半分が入る時に、はじめてあなたの両親の染色体が混じり合う。つまりあなたが存在することによって、「両親から受け継ぎながらも、全く新しいもの」を次に伝えることができるのです。あなたは生命をつないでいく鎖の一つの輪ですが、この輪は必ず新しいものを作って次へとつながるという特徴があります。

はたらく唯一無二のゲノム

卵と精子はそれを持つ両親のゲノムとは異なる染色体を持っている、つまりここで伝わるのはゲノムの単純な半分ではないことがわかりました。受精とは、そのような精子と卵が出会ったこの世でただ一つの組み合わせを持つ唯一無二のゲノムが誕生することです。

受精卵が二つに分裂する時、ゲノムDNAも自分と全く同じものを複製して等しく二つの細胞に入っていきます。分裂を繰り返した細胞はやがて、脳細胞、皮膚細胞、筋肉細胞というようにはたらきの異なる細胞に分化しますが、どの細胞にも受精卵に由来する「私のゲノム」が入っていることには違いはありません（ただし免疫系の細胞など、体細胞でDNAの組換えを行う例外がある〔114ページ参照〕）。つまり、「私のゲノム」が全ての細胞ではたらいているのが「私」という存在です（本書の中でこれから何度もくり返すことになりますが、もちろん「私」はゲノムだけでできあがるものではありません。環境と関わり、心を持ち、生活する人間として「私」を見なければならないのはもちろんです）。

全ての体細胞が受精卵と等価のゲノムを持つことは、ほとんどの多細胞生物の共通の仕組みです。等価なゲノムが、細胞によってはたらき方を変える（作り出すタンパク質の種類や量を変える）ことで、さまざまな細胞が生み出されます。

胎児と母親のつながりを支える父親のゲノム

卵巣から排卵された卵は、卵管で精子と出会い受精卵となります。受精卵は細胞分裂を

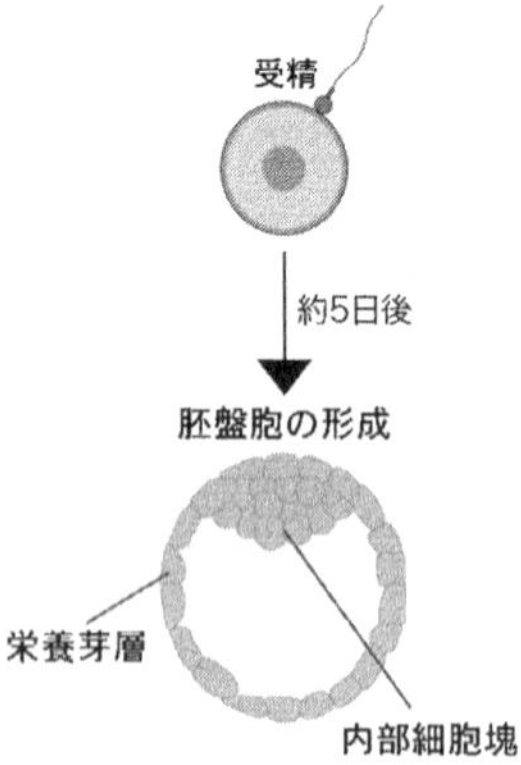

胚盤胞
胎児の身体そのものになる内部細胞塊と胎盤などの胚体外組織になる栄養芽層で構成される。

繰り返し、卵管の細胞が持つ繊毛の働きによって子宮へと運ばれます。このとき受精卵は、中身の詰まった細胞の固まりの状態から、軟式テニスのボールのように中空の形（胚盤胞）になります。胚盤胞は子宮内膜に入り込み、ここから受精卵と母体とのコミュニケーションが本格的に始まります。着床です。

ヒトの場合、サカナやカエルと違って、受精卵からできた細胞の全てが体になるわけではありません。ヒトだけでなく哺乳類《ほにゅうるい》は、母体とのやりとりに胎盤が必要であり、まずそれを作ることから始めます。

胎盤を作る細胞は、胚盤胞の外側に位置する細胞群（栄養芽層）です。これに対し内側の細胞（内部細胞塊）は、将来、胎児となります。同じ受精卵から出発しながら二つの細胞がたどる大きな運命の違いには、父親由来の染色体のはたらきが大きく関わっていることが最近明らかになりました。

これまでは、父親由来、母親由来の染色体のどちらに遺伝子があっても、ＤＮＡ配列に違いがない限りそのはたらきは同じであるとされてきました。しかし遺伝子によっては、それがのっている染色体が父親由来か母親由来かではたらき方が異なることがわかってきたのです。ＤＮＡ配列だけが遺伝子のはたらきの制御に関わっているわけではなく、それがどこから来たか、どこにあるかによって、はたらきが変わるのです。

その例の最も大がかりなものは、女性の二つあるＸ染色体の一方が凝縮してまったくはたらかなくなる現象で、Ｘ染色体不活性化と呼ばれています。この仕組みのおかげで、ＸＸの組み合わせを持つ女性の細胞も、ＸＹの男性の細胞も、結果としては一つのＸ染色体がはたらいている状態になります。女性の体は二つのＸ染色体のうちのどちらかがはたらいている細胞の集合でモザイクになっています。

このような遺伝子のはたらきを見る時には、ＤＮＡの塩基配列だけでなく、染色体全体の構造を化学的に変化させる仕組みも大事な要素です。

常染色体に存在する遺伝子にも、その染色体が母親由来か父親由来かではたらく／はたらかないが決まっているものがあります。このような遺伝子を、〝刷り込みを受けた〟(imprintingされた) といいます。具体的には、ゲノムのある領域のＤＮＡにメチル基などの化学物質が結合して〝目印〟をつけ、そこがはたらかなくなるらしいのです。

たとえばマウスの六番染色体にあるＰＥＧ10という遺伝子は、父親由来の染色体にあるものしかはたらかず、母親由来のPEG10遺伝子は受精卵の時からはたらいていません。父親由来のPEG10遺伝子がはたらけない場合、受精から着床までは進みますが、胎盤がうまく形成されず胎児が育たないことがわかりました。

子宮の中で育つ胎児を母体と結びつけている胎盤が、精子が運んだ染色体のはたらきで作られるとはなんとも興味深いことではありませんか。父親はここで大事な役割をしているわけです。これと同じことはヒトでも起きているに違いありません。

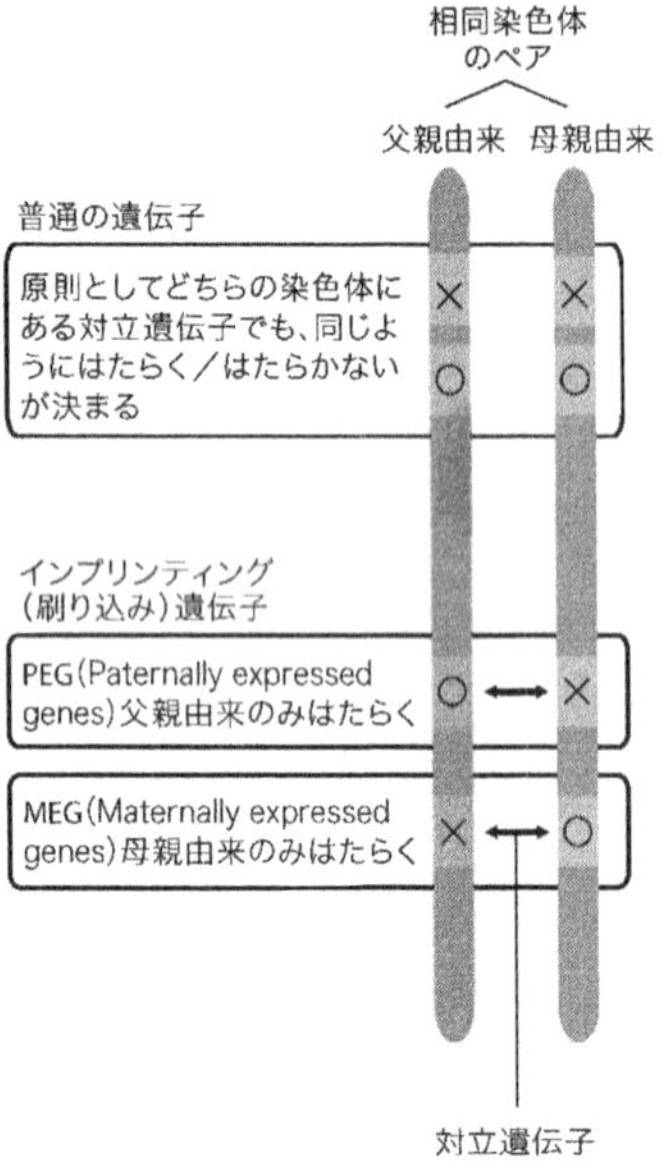

相同染色体のペア
父親由来
母親由来
普通の遺伝子
原則としてどちらの染色体にある対立遺伝子でも、同じようにはたらく／はたらかないが決まる
インプリンティング(刷り込み)遺伝子
PEG(Paternally expressed genes)父親由来のみはたらく
MEG(Maternally expressed genes)母親由来のみはたらく
対立遺伝子

遺伝子の「刷り込み」
相同染色体で同じ場所にある遺伝子は、DNA配列が同じであれば原則としてはたらき方に違いは生じない。ところが一部の遺伝子は、DNA配列の違いではなく、父親由来か母親由来のどちらの染色体に存在しているかによってはたらき方を変えるものがある。この現象を遺伝子の「刷り込み」と呼ぶ。

次世代の準備

同じ受精卵から生じた細胞でありながら、栄養外胚葉は胎盤となって胎児を守る役割をし、内部細胞塊とは異なる運命をたどることをみてきました。

内部細胞塊の細胞はしばらくの間は、胎児の体のあらゆる部分になる能力を持ち続けますが、次第に細胞分化が始まり、それぞれ神経になるのか皮膚になるのか筋肉になるのかという道筋が決まっていきます。ヒトの受精卵は、受精後三週間で人間の形らしくなっていき、八週くらいでほとんどの臓器ができます。妊娠週でいうと十週目までは、このように胎児がヒトとしての形を作りあげる重要な時期です。

ところで内部細胞塊の細胞からは、個体の体を作りあげる体細胞とは別の重要な役割を持つ細胞が出現します。生殖細胞です。受精卵から生じる細胞のうち、体細胞はその個体の死とともに消えますが、生殖細胞は次の世代につながります。とくに卵は細胞という実体として次の世代の始まりになるので、卵に注目すれば、生命はずっとつながっていることになり、「不死」といってもよいのです。

生殖細胞の完成形は、卵もしくは精子ですが、ともにいきなりこの形で現れるわけではありません。発生の早い時期に、内部細胞塊から生じた細胞のうち、体を作る領域から少しはずれた尾部端に始原生殖細胞という特別な細胞が生じます。はっきりと体細胞と区別され、一度できた始原生殖細胞と体細胞が入れ代わることはけっしてありません。

この始原生殖細胞のゲノムに、重要な変化が起こります。前項で紹介した遺伝子の刷り込み、すなわち精子由来か卵由来かで異なっていた染色体のはたらきの違いが、この始原生殖細胞が成熟する段階で消えるのです。つまり、一度、白紙にもどるわけです。そして生殖細胞になるときに、再び精子型（父親由来のゲノムの目印）、卵型（母親由来のゲノムの目印）の刷り込み、つまりインプリンティングがなされるのです。

長い間、生殖細胞の形成過程で起こるゲノムにとって最も重要な事柄としては、四十六本の染色体を半分の二十三本にする減数分裂だけがあげられてきました。減数分裂が、ゲノムの統一性を保ちつつ、個体同士のゲノムを混ぜ合わせる非常に優れた仕組みであることは間違いなく、この重要性に変わりはありません。しかし哺乳類の場合はこれに加えて、改めてインプリンティングをするという「核（細胞核）の初期化」ともいうべき現象がとても重要なこととして浮かび上がってきました。

インプリンティングは哺乳類に特有の現象です。なぜ哺乳類でこの目印づけが行われるようになったのかは謎ですが、とにかく、私たち人間は哺乳類であり、精子と卵の合体から生を始めることがとても大事である、もう少し強くいうなら不可欠であるという事実を忘れてはなりません。

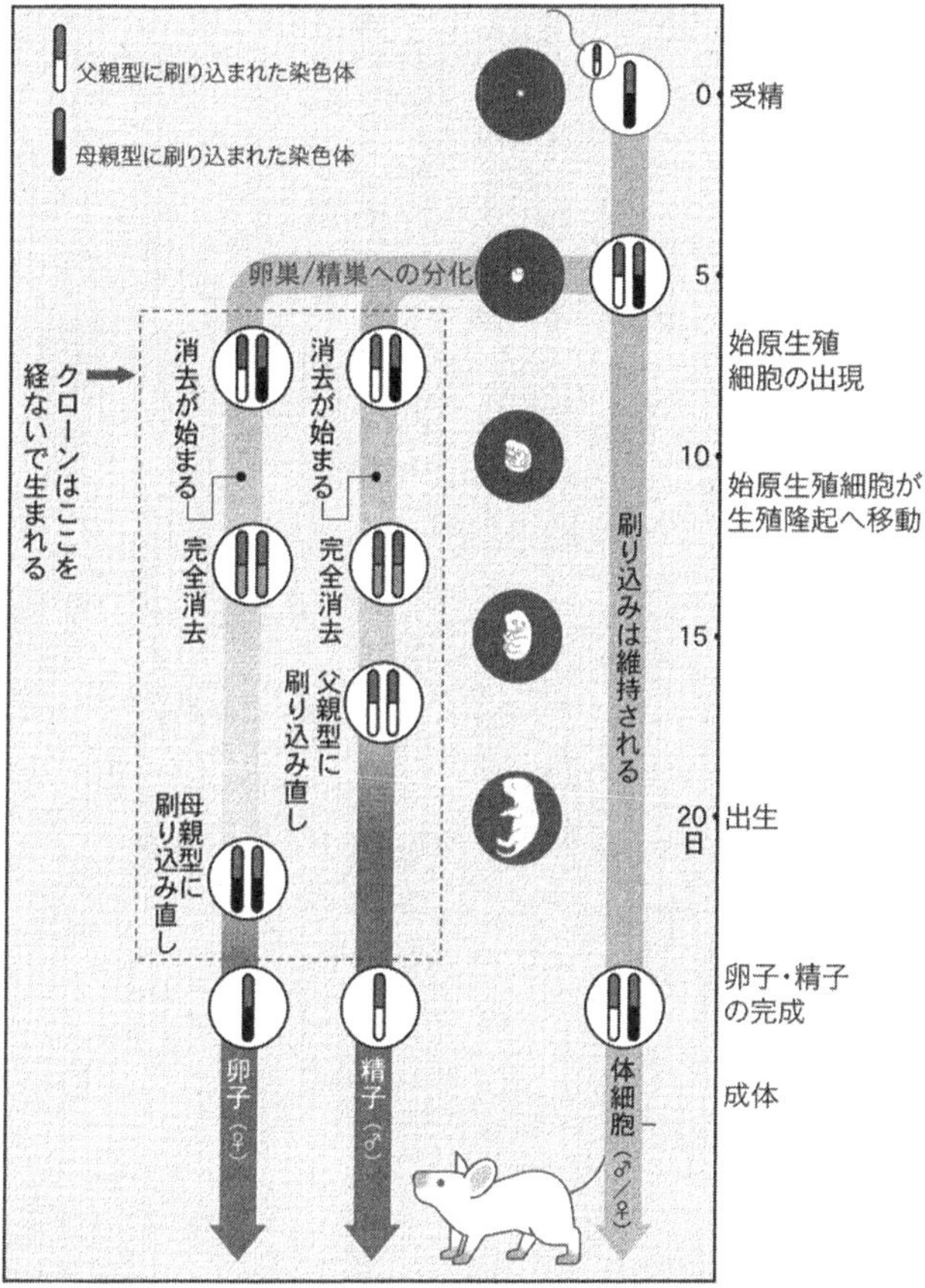

生殖細胞で起こるインプリンティングの刷り込み直し

体細胞と生殖細胞の運命が分かれたあと、生殖細胞でのみインプリンティングの「初期化」と「刷り込み直し」が行われる。

体細胞クローンへの疑問

受精卵と体細胞は同じゲノム情報を持つのですから、受精卵のゲノムが一つの個体を作る能力があるのなら、他の細胞のゲノムにもその能力があるはずです。たとえば挿し木で増える植物を見ると、一本の枝から葉や花や根が出て、ついには立派な木に育ちます。つまり、受精卵以外の細胞から出発したクローン個体です。実は「クローン」という言葉はそもそも、ギリシャ語の「小枝」を意味する単語に由来するのです。

動物の場合はどうでしょうか。生物学者は、やはり体細胞のゲノム——たとえ皮膚の細胞のものでも——が、条件さえ整えれば受精卵のゲノムのように個体を作る能力を持つようになるのではないかと考え、多くの試みをしました。

一九六〇年代、その答えはまずカエルで出されました。イギリス・ケンブリッジ大学のジョン・ガードン博士は、アフリカツメガエルという生物学実験によく用いられるカエルを使い、オタマジャクシの腸の細胞から核を取り出し、核を抜いたカエルの卵細胞に移植することでなんとかオタマジャクシを発生させることに成功しました。これが動物における体細胞クローン研究の第一歩でした。この実験により、体細胞のゲノムは受精卵のゲノムと基本的には能力の差はなく一つの個体になりうるという結論が得られましたが、なぜかこの実験は哺乳類ではなかなか成功しませんでした。

カエルの実験から三十年以上がたった一九九七年、ヒツジでの体細胞クローン成功が大きなニュースとなったのは、不可能と思われていた哺乳類でのはじめての成功例だったからです。ただし、個体に成長したのは数百回の試みでたった一頭。その後現在までに試みられたあらゆる哺乳類でその成功率は数％程度です。

そもそも体細胞クローンが発生しない種（霊長類《れいちょうるい》がそうです）もあり、発生がある程度進む種でも出産前に死んでしまうのがほとんどなのです。また無事に出産した個体も、普通に受精卵から生まれた個体と比べると遺伝子発現の量に差があり、早死にする傾向があります。

多くの生物学者は、特に哺乳類で体細胞クローンの発生がうまくいかない理由の一つに、核の初期化、つまりインプリンティングの問題を挙げています。体細胞の核を取り出し、卵の核と交換するだけでは、その核は受精卵の状態に初期化されておらず多くの遺伝

インプリンティングが哺乳類で成立した理由

web記事「ゲノムインプリンティングとホ乳類の進化」では、インプリンティング（刷り込み）が成立した理由を哺乳類の進化から読み解く研究を紹介します。

子発現に異常があり、発生がきちんと進まないというわけです（39ページの図をもう一度よく見てください）。ゲノムを遺伝子の集合とだけ考えると、体細胞も受精卵も持っている遺伝子は同じですから、体細胞クローンに異常が現れる理由は考えにくくなります。

しかしゲノムの本質は、物質として同じであるというだけではありません。そこにいたるまでの経緯と、全体としていかにはたらくかということが重要なのです。そのように考えると、受精卵から減数分裂を経て生殖細胞になったゲノムと、体細胞の道へと分化し、腸や皮膚などでの機能をはたらかせ続けたゲノムには、なにがしかの違いがあってもそう不思議ではありません。

実験として、哺乳類の体細胞クローンの実例を示すことに〝成功〟したことは確かですが、けれどもその具体的な成功率や、実際に生まれた個体の状態を見ると、日常感覚での「生きものが生まれた」という状況とはほど遠いのです。

体細胞でのクローン誕生は、体細胞内に受精卵と同じＤＮＡセットが入っていたという事実を示した重要な研究です。しかしこの研究で見えてきたのは、生殖細胞を作るという自然に行われている次世代の準備はもう胎児の時から始まっていること、しかもその仕組みについてはまだまだわからないことがあるということです。皮肉なことに、体細胞クローンの誕生が生殖の重要性を示したわけで、現時点で体細胞からのヒトクローン誕生を考えるのは生物学の立場から見て無意味であるといえます。

機械とは違い、同じ部品でもどのような経緯でそこに来たかということがはたらきに関わるというこの例は、生きものの特徴をよく表しています。DNAを遺伝子としてでなく、ゲノム全体で見ていこうという生命誌の基本姿勢はここから出発しているのです。

生殖細胞とがん

始原生殖細胞は将来の生殖器とは異なる場所で発生し、体の各器官が整ってきたあとに生殖巣（卵巣および精巣）となる器官まで移動します。生殖細胞は移動が終わると、個体の性にあわせて精子、卵へと分化していきます。ところがまれに、この生殖細胞が厄介な病気の原因となってしまうことがあります。

その一つにがんがあります。がんは、とくに先進国で問題となる難病の一つで、日本でも現在の死因の一位はがんです。加齢とともに現れる一般的な悪性腫瘍は、体細胞が無秩序に増殖したもので、これについては「暮らす」の章（第三章）で詳しく見ます。ここでは、生殖細胞由来のがん、テラトーマを見ていきます。

生殖細胞は次世代を作るために必要なのであって、もしこれがなくても個体の生存に支障はありません。しかし、この細胞の無秩序な増殖は個体の健康に影響を及ぼします。

テラトーマは奇形腫とも呼ばれ、体細胞由来のがんとは大きく異なる特徴を持ちます。一般的ながんは、肝臓や胃などそれぞれの臓器で特定の機能を持っていた一つの細胞が細胞分裂の制御がきかなくなって無秩序に増え始めてしまったものであり、一つの細胞のクローンとして、単純な細胞集団の形で観察されます。一方テラトーマは「奇形」という名の通り、ヒトの体の各要素、毛や歯などが混じった複雑な細胞集団となることが多いのです。これが、体細胞由来でのがんとは大きく違います。

次世代を作る能力を持つ生殖細胞は、体細胞とは異なり多分化能（さまざまな種類の細胞に分化する能力）を保持し続けなければなりません。しかし、個体の中では「生殖細胞」という一つの個性を与えられて、とりあえず生殖巣の中で自分の持っている分化能を秘めたまま受精の機会を待つのですが、生殖細胞への運命づけになんらかの異常があったり、生殖巣への移動がうまくいかなかった場合、生殖細胞が増殖を始め、その秘めた分化能を発揮してしまうのです。

この時、増殖した全ての細胞が分化してしまえばがんの成長は止まり、その場を動くことなく良性の腫瘍となります。しかし腫瘍の中にいつまでも分化能を持ち続ける未分化な細胞がいると、腫瘍は大きくなり続け、他の場所へ転移します。

テラトーマは、ゲノムのシステムがうまくはたらかず、病気となる例といってよいでしょう。この研究は、病気への対処としてだけでなく、ゲノムのはたらき方を知るためにも重要です。

2　先天異常を考える

日本では第二次大戦後に、感染症による乳幼児の死亡率が大きく低下しました。栄養や公衆衛生の改善など、生まれてくる赤ちゃんをとりまく環境・医療が著しく改良された結果です。現在では一歳未満の乳児死亡数の死因の約四割は、先天奇形、変形及び染色体異常とされています。先天とは、生後の環境に晒《さら》される「以前」に起きたという意味で、遺伝的な要因によるものと、受精から出産までの間の母親の胎内での環境的な要因によるものとの二つに大きく分けられます。

生まれつき病気を持って生まれてくることは、本人はもちろん家族にとっても辛いことです。なんとかしてこれを避けたいと誰もが思います。けれども、DNA（ゲノム）にはある確率で変化が起きてしまうのです。これらの病気を知ることは、私たちの体の仕組みを知ることでもあり、大変難しい課題です。対処法を探すためにも、ゲノムのはたらき、体の仕組みを知る必要があります。

2・1　DNA（ゲノム）に要因

先天異常の原因がDNAにあるといわれた時、すぐにそれを遺伝する病気と受けとめてはいけません。この注意は、とても大事なことです。

残念ながら、両親から受けとった遺伝子がうまくはたらかないために起こる病気は数多くあります。いわゆる遺伝病であり、その中でもたった一つの遺伝子の変化で病気になるものが六千例ほど知られており、その原因となる遺伝子を同定する試みは精力的に続けられています。一方、DNAに原因があるけれど「遺伝しない」場合、「遺伝子」の異常とは無関係な場合などがあり、これは一つの遺伝子を調べるという方法で原因を探ることはできません。ここで、個別の遺伝子だけではなくゲノムを見るという視点が大事になります。先天性の疾患には、ゲノム全体の異常によって起こる病気が多いのです。

染色体の数が変化するために起きる病気

ヒトの受精卵の染色体は四十六本が基本です。常染色体が二十二対、性染色体がXとY（男性）またはXとX（女性）で合計四十六本であり、その半分ずつを両親から受けとることはすでに述べました（25ページ図参照）。

ところが、この基本の基本が崩れ、数が変わってしまう場合があります。染色体の異数性と呼ばれる染色体異常で、特定の染色体が一本余分、つまり三本ある場合が多いのです。これをトリソミー（trisomy）と呼びます（ここでは常染色体が過剰になる例を紹介するが、XやYが過剰になる性染色体のトリソミー、また染色体が一本しかないモノソミー〔monosomy〕という現象も見られる）。精子や卵が作られる時の減数分裂の過程で、相同染色体や性染色体のペアがつながったまま一つの娘細胞に入ってしまい、きちんと半数の染色体構成（二十三本）にならない精子や卵ができ、それが受精した結果起こる現象です。

トリソミーは、原理的には全ての染色体に起こりえますが、出産した新生児で最も多いのは、二十一番染色体のトリソミーで、ダウン症と呼ばれる先天異常です。染色体の番号は大きい順につけられていると書きましたが、染色体のDNA量を詳しく調べると実は二十一番のほうが二十二番よりも少し小さいことがわかってきました。二十一番染色体のトリソミーが多いのは単なる偶然ではなく、それが最も小さいことと大いに関係があると考えられています。

一番などの大きな染色体がトリソミーとなった場合、受精卵は着床せず妊娠自体が成立しません。他の染色体でも、着床しても流産してしまう場合がほとんどで、出生にいたるのはごくわずかです。自然流産は、正常な染色体構成ではない受精卵を選択する意味もあるわけで、逆にいうと着床し出産にいたるということは、ゲノム全体としては機能しているとみなされたと考えることができます。

染色体が一本増えただけでなぜ妊娠が成立しなかったり、また新生児に異常が起きたりしてしまうのか、その原因ははっきりわかっていません。

遺伝子が不足していたら困るのはわかるけれど、余分にあるのがなぜいけないのか。おそらく、はたらく遺伝子の量のコントロールがうまくできなくなるのが一つの理由でしょう（たとえば、35ページで紹介したX染色体の不活性化は、XXの細胞もXYの細胞も、X染色体上の遺伝子を一つ分だけしかはたらかせないようにする仕組みである。雌雄で染色体量に差がある生物には、このような遺伝子量補償の仕組みが備わっている）。ヒトの細胞は四十六本の染色体で構成されるゲノムが最もうまくはたらくシステムであり、かろうじて二十一番という最小の染色体なら、ひとつ余分にあってもなんとか耐えられるということなのだと思います。

遺伝子そのものにはなんら異常がなくとも、染色体の数が通常とは異なることによって先天異常が生じるわけですし、出生数としてはこのような異常のほうが多いのです。個々の遺伝子ではなく、染色体、さらにはゲノムという大きなシステムとしてはたらく遺伝子の姿を見ることが大事だということが、ここからも見えてきます。

染色体の異常と正常

染色体数の変化以外にも、染色体の一部が別の染色体に移動（転座）するなど、構造の変化も先天異常の原因になります。この時に染色体の一部が欠けてしまうことが多いからです。このような異常によって白血病などのがんになることがありますし、転座ががん遺伝子（163ページ参照）の活性化に関わっている例も知られています。

しかし一方で、染色体の形が異常に見えてもゲノムとしては問題がない場合もあります。たとえば転座が起きても遺伝子構造に変化がない場合は、単に染色体の一部が入れ替わっただけなので、「均衡型相互転座」と呼ばれ、表現型にはほとんど影響がありません。

ところで、ゴリラやチンパンジーは四十八本の染色体を持っています。これが類人猿の染色体数の基本形であり、ヒトの祖先ではこの四十八本（二十四対）のうち、二つの染色体が端と端でくっついて、二十三対になったのではないかと考えられています（二つがくっついてできたのが、一番染色体の次に大きい二番染色体です）。つまりヒトの染色体は、

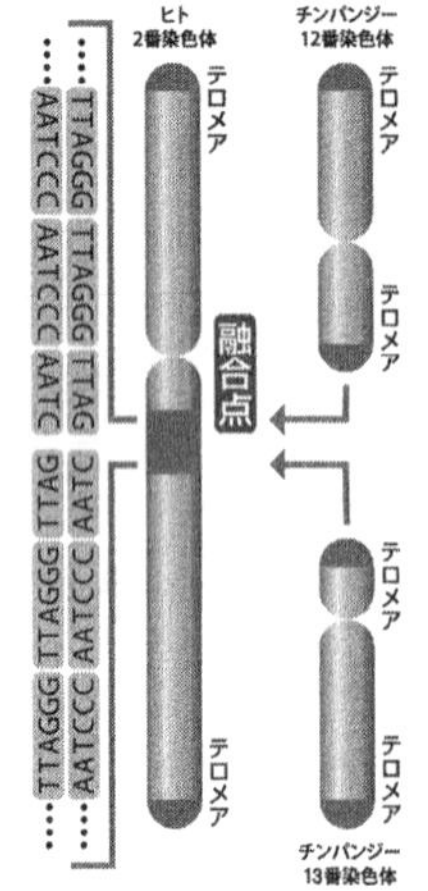

ヒトとチンパンジーの染色体比較

染色体の両端には、テロメアと呼ばれる特殊な繰り返し配列がある。ヒト２番染色体には染色体の中心部にテロメア配列が存在しているが、これは類人猿では２つに分かれている染色体が融合した結果と考えられている。

類人猿の染色体を基本に考えれば構造が大きく変わっているわけで、とても興味深いことです。

さらに、染色体の数・形に全く異常がないのに、染色体が原因で先天異常が現れる場合があります。調べてみると、受精卵に父か母どちらかの染色体だけがペアになって入っていることがわかりました（本来は父と母のものがペアになっていなければなりません）。これを片親性ダイソミー（disomy）と呼びます。インプリンティングを受ける遺伝子は父親由来か母親由来かによってはたらきが違ってくることはすでに述べました（35ページ参照）。片親だけからのインプリンティング遺伝子しかないと、両親から染色体をもらった場合とは遺伝子発現量の調節が変わり、先天異常となるのです。

染色体のありようは、きちんと決まったものというより、時に数が多くなったり、場所が変わったりと動いているものであるとわかってきました。霊長類の中のヒトへの進化では、ゲノムとしての全体性を維持しながら染色体のありようが変化したことが明らかなのですから、ヒト以外の類人猿を正常と考えればそこで異常なものが生まれたともいえるわけです。

生きものは、染色体の異常と正常の間を揺れ動きながら続いてきたといってもよいでしょう。染色体に限らず、〝生きている〟というなかでは、正常と異常は明確に二分できるものではなく、それが混じり合ってこそ生きていることになるというのが実感される例にはこれからもたびたび出会うことになります。

代謝の遺伝子疾患

メンデルの遺伝の法則に従う、つまり家系を調べると優性の法則や分離の法則に従って症状が現れる遺伝病は、現在六千例ほどが知られています。

メンデルが遺伝法則を発見できたのは、「生物には一つの形質に対応する一つの因子が存在する」という単純な仮定を立てたからです。現在の言葉を用いるなら、この因子が「遺伝子」です。メンデル以前に考えられた遺伝は、「両親の性質が混ざって子に伝わる」ことを説明するために液体で伝わるイメージが強かったのですが、メンデルは遺伝現象を確率的に捉え、離散的な遺伝因子を想定しました。この仮説を証明するために、エンドウを用い、マメのしわなど、一つの遺伝子で変化する形質を巧みに選び法則発見につなげたのです。

その後、遺伝学、遺伝子研究が進み、多くの形質は複数の遺伝子が関与することがわかってきたことはこれまでにも述べましたが、一つの遺伝子の変化で変わる形質もあり、重要な機能が欠けるような場合に遺伝病となります。遺伝子による病気の基本を知るために、まず、単一遺伝子が原因となる遺伝病を考えます。

このような例として報告された最初の病気は、アルカプトン尿症です。二十世紀初め、新生児の尿が黒変し成人後に関節炎などを発症するこの病気が、メンデルの法則に従って遺伝することが報告されました。患者の尿を分析した結果、通常では代謝されるはずの物質（アルカプトン）が蓄積していることがわかり、代謝に関わる酵素が変異してはたらかなくなっていることが原因と推定されました。

その後、カビを用いた生物学の研究から遺伝子のはたらき方として「一遺伝子一酵素仮説」が提唱され（アメリカの遺伝学者ビードルと生化学者テータムが提唱した。野生のアカパンカビは必要最小限の栄養源のみで成育できるが、変異株の中には特定の栄養源がないと生育できないものがある。いろいろな変異株でどの栄養素を要求するかを調べた結果、それぞれの変異株では、一つの遺伝子変異のために、特定の栄養素を合成する一つの酵素がはたらかなくなったためとわかった。この結果を一般化し、一つの遺伝子は一つの酵素に対応するとする説）、この病気もこの仮説に合ったのです。こうして先天性代謝異常という概念が生まれました。

細胞のゲノムは特定の代謝反応に関わる酵素を作る遺伝子を両親から一つずつ、つまり二つ受け継いでいますから、そのうちの一つが欠けても細胞の酵素反応が止まることはありません。しかし、二つともに変異がありはたらかない場合には、代謝異常という表現型が現れるわけです。このように二つに変異があってはじめて現れる形質を劣性と呼びます。アルカプトン尿症は、まさに劣性遺伝します。代謝異常の遺伝病はほとんどが劣性であることがわかっています。

劣性に対して優性遺伝とは、両親から受け継いだ二つの遺伝子のうち一つでも欠けていれば十分な機能が発揮されず、表現型に変化が起こる場合をさします。病気ではありませんが、下戸（お酒に弱いひと）の例で紹介します。

お酒の主成分であるエタノールは、まずアルコール脱水素酵素によって酸化され、アセトアルデヒドに変化します。アセトアルデヒドは毒性があり、体内に蓄積されると顔が紅くなったり、体に変調が起き、悪酔いの原因となります。そこでアセトアルデヒドは、アルデヒド脱水素酵素（ＡＬＤＨ）のはたらきによりすみやかに酢酸に転換されるようになっているのですが、この酵素の遺伝子に変異を持つ人が少なくないのです。
アルデヒド脱水素酵素は、ALDH遺伝子が作るタンパク質が四つ集まってできたものです。両親からもらったALDH遺伝子のどちらもが活性型であれば、もちろん酵素活性に問題はなく、いわゆる「お酒に強い人」になります。ところが片方のALDH遺伝子が不活性型だと、アルデヒド代謝能力は著しく低下します。つまり優性（厳密には半優性）なのです。これは、ALDHタンパク質が四つ集まるときに一つでも不活性型が混じると全体の酵素活性がなくなるためであり、細胞の中で活性型と不活性型のタンパク質が等量作られたとすると、活性型のみが四つ集まって機能する酵素ができる確率が（1/2）^{4}＝1/16となるからです。このような人がお酒を飲むと、すぐに顔が紅くなります（日本人

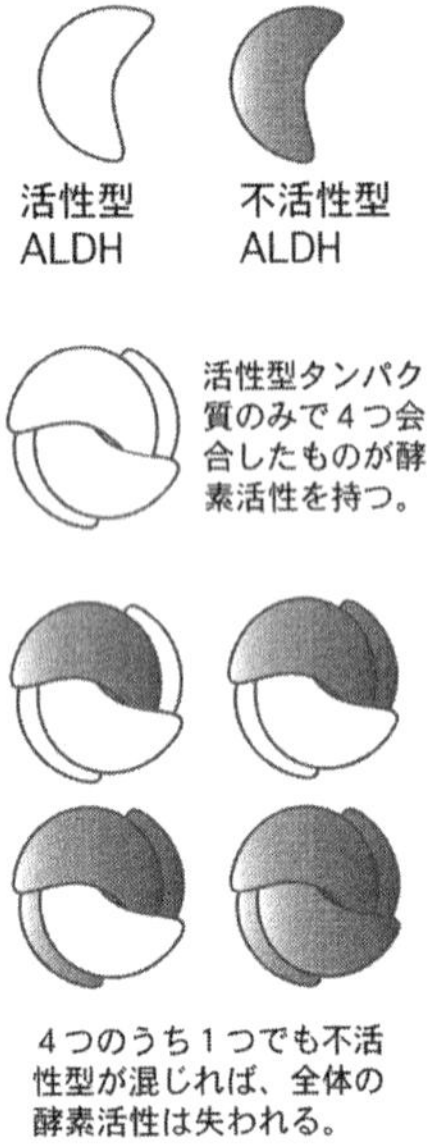

活性型
ALDH
不活性型
ALDH
活性型タンパク質のみで４つ会合したものが酵素活性を持つ。
４つのうち１つでも不活性型が混じれば、全体の酵素活性は失われる。

アルデヒド脱水素酵素
ALDHの遺伝子産物であるタンパク質が４つ会合した４量体が主要なアルデヒド脱水素酵素としてはたらく。このとき不活性型の変異遺伝子からつくられたタンパク質が１つでも混じると、４量体の酵素活性は失われる（実際にはヒトはALDH1とALDH2の２つの酵素を持つが、主にALDH2が機能しているので説明では簡略化した）。

の場合、四〇%ほどの人がこのような遺伝子型を持つとされています）。

形態の遺伝子疾患

遺伝子が作るタンパク質は酵素だけではありませんから、遺伝子が原因の疾患には代謝異常の他にもさまざまなものがあります。最近になって形態の異常の原因究明も進んできました。ただし、遺伝子の作るものが酵素である場合は、遺伝子の変異と代謝異常の関係がわかりやすいのですが、遺伝子のはたらきと体のかたちづくりとの関わりはわかりにくく、その変異がなぜ形態異常につながるかを知るのは一筋縄の作業ではありません。もちろん人間での遺伝子のはたらきを実験するわけにはいきませんから、同じ哺乳類の仲間、たとえばマウスなどを用い、体が作られていく過程（発生といいます）でどの遺伝子が、いつ、どのようにはたらいているかを研究します。その結果をヒトの先天性形態異常の知見と重ね合わせ、遺伝子の機能とその変異による病気の因果関係を明らかにしていくのです。その例を一つあげましょう。

体のかたちづくり
ラット胎児の骨格。さまざまな動物の骨格形成については、web記事「骨と形　骨ってこんなに変わるもの？」を参照。

小人症の一つに、四肢の発達遅延が見られる軟骨無形成症があります。脊椎動物の体の骨は、発生時にまず軟骨で骨のパターンを作り、その後、硬骨に置き換わっていくという共通の仕組みを持っています。軟骨が作られる仕組みはニワトリ胚やマウス胚などで詳しく調べられ、軟骨細胞の分化に関わるさまざまなタンパク質が見つかりました。ヒトの軟骨無形成症の遺伝子を調べたところ、そのようなタンパク質を作る遺伝子の一つであるＦＧＦｒ３（Fibroblast Growth Factor Receptor3〔線維芽細胞成長因子受容体3〕の略号。詳しくは65ページで）に変異が見つかり、原因遺伝子が特定されました。

病気の治療にはその病因を探ることが重要です。病因となる遺伝子の発見は治療へ向けての大きな一歩です。しかし原因遺伝子が特定されても、それが体内でどのようにはたらいているのかわからなければ病気の根本的な治療にはつながりません。軟骨無形成症を含めて、残念ながらまだ、遺伝子はわかったけれどはたらきはわからないという場合がほとんどというのが現状です。

遺伝子の正常と異常

上に挙げた遺伝病の例は、細胞や個体を維持するシステムの重要な部分を、一つの遺伝子のはたらきが維持していることを示しています。もしこれがゲノムシステムの基本的性質なら、このシステムは、かなりもろいものです。一つの遺伝子がうまくはたらかなくなったら全体がだめになってしまうのですから。三十八億年も続いてきたのは、実際にはもっと強いシステムができているからなのです。

私たちは普段、自分の体の中でゲノムがはたらいていることを意識することはありません。ゲノムの中の遺伝子一つ一つについても同じです。ある遺伝子が病気に関わっていることを知った時、その遺伝子のはたらきに気づくのです。つまりある遺伝子のはたらきは、それが欠けて病気になった時にはじめて理解できるのです。これではなかなかゲノムの中にあるたくさんの遺伝子のはたらき方は見えてきません。

さいわい、二十世紀の後半になって、遺伝子のはたらきを直接知る方法が飛躍的に進歩しました。今では、これまでのように表現型の変化を見つけてその原因となる遺伝子を突きとめるのではなく、DNA組換え技術によって遺伝子を操作し、その結果、表現型にどんな変化が起こるかを観察できます。つまり、「表現型→遺伝子」だけでなく、「遺伝子→表現型」という研究手法がとれるようになったのです。これは遺伝学上の大きな進展であり、後者の手法を「逆遺伝学（reverse genetics）」と呼びます（従来の遺伝学的手法に対する新語。なお、これまでの遺伝学的手法を特に区別する場合、正遺伝学〔forward genetics〕と呼ぶ場合がある）。

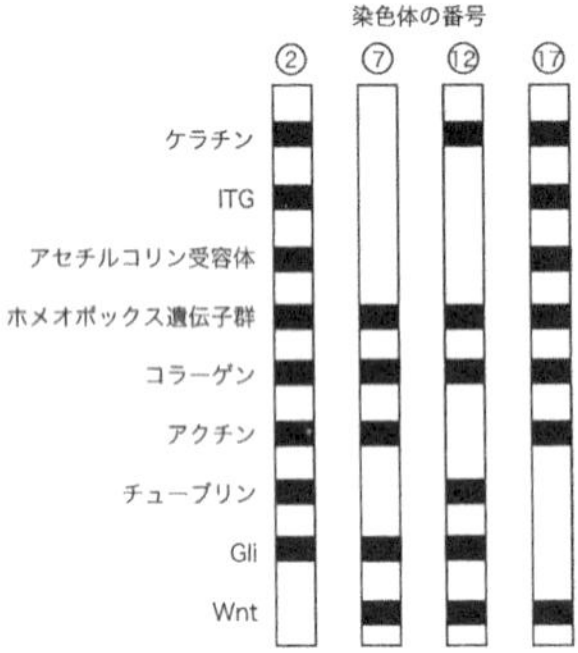

遺伝子の冗長性
ヒトの染色体を詳しく見ていくと、4つの染色体に、広い範囲にわたって同じような遺伝子が並んでいる領域が見つかる。こうしたことから、ヒトのゲノムは、祖先の生物が持っていたゲノム全体が重複してできたと考えられている。詳しくは、ｗｅｂ記事「形の進化とゲノムの変化」を参照。

ところで、ここで驚くようなことが観察されました。マウスなどで、重要とされている遺伝子を壊しても目立った変化がほとんど起こらない場合が多いのです。この遺伝子を壊したら生まれてこないだろうと思ったのに、元気なマウスが生まれることもしばしばなのです。

これは、ゲノムシステムの大事な部分は単一の遺伝子に担われているのではなく、同じ機能を持つ遺伝子が複数用意されている場合が多いためで、遺伝子の冗長性と呼ばれています。日常の言葉でいうと、遺伝子には一見ムダなものがたくさんあるということです。少々壊れても、全体としてはたらく丈夫さのために冗長性が必要なのです。

さらにこのような例もあります。遺伝子解析実験には近親交配を繰り返して作った系統のマウス個体を用います。このマウスでは、ある遺伝子の変異で明確な表現型が現れるのに、同じ変異を野生マウスに持たせるとその表現型が弱くなる、あるいは消えてしまうということがあるのです。たった一つしか存在せず、しかも重要な役割を果たしていることがわかっている遺伝子の変異は表現型の大きな変化につながるはずなのに、実験室のマウスと野生マウスでは結果が異なる場合があるわけです。この結果から、遺伝子の冗長性以外にも、遺伝子変異の影響を最小限に抑えるシステムがゲノムには存在することがわかってきました。

そのようなシステムの一つとして、大事な遺伝子の機能を助ける遺伝子（修飾遺伝子 Modifier Gene と呼ばれています）の存在が考えられます。実験室のマウスの系統では、野生マウスでは機能している修飾遺伝子があまりはたらかなくなっているということなのでしょう。

個体によって、つまりゲノムが違うと、そこにある同じ遺伝子の表現型が変わることを意味します。こうして、生きものの表現型は、一つの遺伝子と対応させるのでなくゲノム全体のはたらきとして捉える必要があるということがはっきりしてきました。

ヒトはヒトとしての共通性をもちながら、一人一人違っていることは日常感覚でもわかりますが、その基本にゲノムとしての違いがある。これを多型が存在するといいます。その多くは、血液型のように、ある差違として受けとめればよいのですが、なかには、病気という表現型につながる遺伝子変異もあります。しかし遺伝子変異の多くは、ゲノム全体がカバーすることで個体の生存を可能にし、ヒトは多型を保持しながら今まで続いてきたのです。

個体として存在するということは、ゲノムのシステムとしては〝生きる〟ことが保証されているということです。病気は辛いものですし、治す努力はもちろん必要ですが、まずはすべての個体（個人）は、生きものとしてこの世に存在することを認められているものなのだという認識からの出発が大事です。多型があるということは、標準型のゲノムはないということでもあります。これが、〝生きている〟を理解する基本だということはくり返し確認しておきたいことです。

2・2 環境要因

遺伝子や染色体に特別の異常はないのに、ゲノムがはたらく「環境」に不都合が生じて、病気になる場合があります。

細胞内の状態や、胎児が育つ過程である発生システムはかなり安定であり、少々の環境の攪乱《かくらん》にはしなやかに耐えるのが常で、そうでなければ、私たちが存在し、また続いていくことは難しいはずです。それでもなお、環境の変化がゲノムの表現型に影響を与える場合があります。

ここでは形態に関わる先天異常の環境要因を例に、母親が生活している外の環境と、子宮内の環境との、胎児を作る細胞への影響を見ていきます。

DNAのはたらきを調節する環境因子

通常「環境」は、「遺伝」の対語とされ、「遺伝か環境か」という問いがよく出されます。実はここで用いる「遺伝」という言葉には、親から子に性質が伝わるという意味での遺伝もあれば、「遺伝子のはたらき」という意味もあり多義的です。環境もまた多義的なのですが、ここでは、「DNAがその情報（つまり遺伝子型）を発現し表現型となる過程に関わるDNA以外の要因」と大きく捉えます。細胞内にもそのような要因はあります。

面倒なことをいいましたが、遺伝子型が表現型になる過程とは、具体的にはDNAの指令でRNAが作られ、その指令でタンパク質が作られるという、DNA→RNA→タンパク質という流れです。高校で習う生物学では、「セントラルドグマ」という大原則で説明しています（次ページの図で、核から細胞質への矢印の流れのことです）。

DNAの配列情報がRNAの配列として写し取られ（転写）、それがタンパク質のアミノ酸配列に翻訳されるということが、日夜、私たちの細胞の中で起きています。実際に細胞

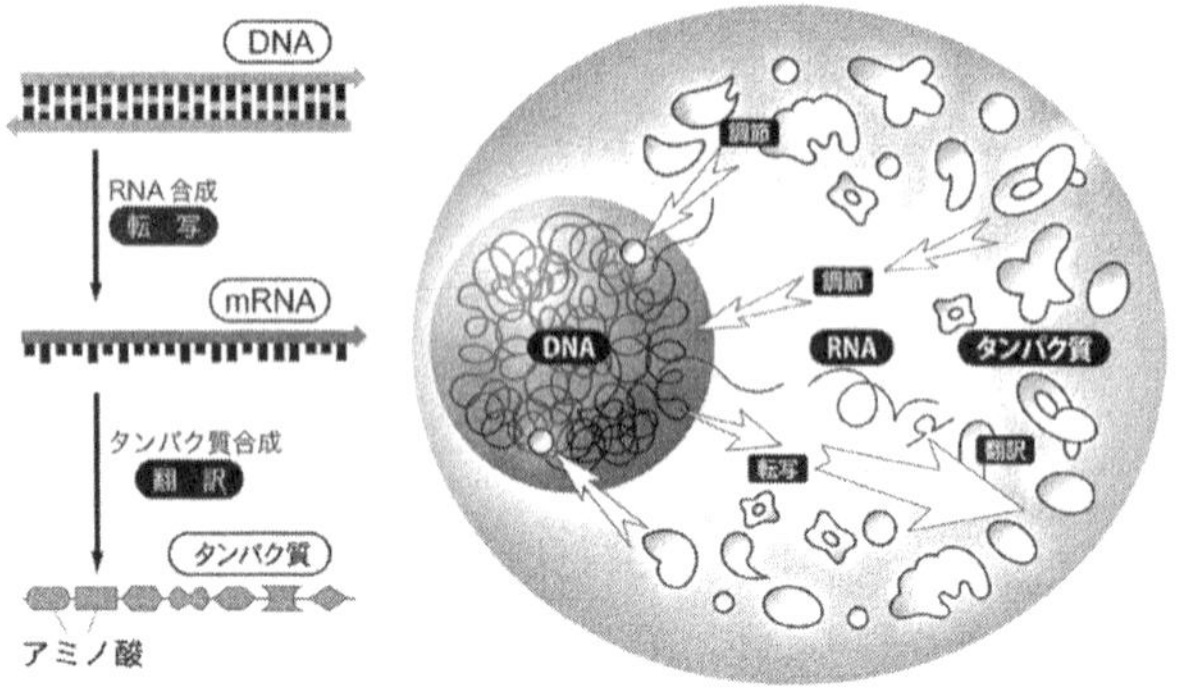

セントラルドグマと細胞内の環境
(左) DNAの情報からタンパク質が作られるまでの流れ。全ての生物で共通する仕組みであり、セントラルドグマと呼ばれる。(右) DNAを取り巻く細胞内の環境。DNAの情報によって作られたタンパク質の中には、DNAのはたらきを調節する重要な役割をもつものがある (次ページ参照)。

の中でさまざまなはたらきをするのは主としてタンパク質であり、DNAは、タンパク質を適切に作るための情報を持っているのだといってよいでしょう。つまり、ゲノム内の遺伝子が、必要な時に必要な場所で必要なタンパク質を必要なだけ作り、それがきちんとはたらいてこそ、細胞が細胞として機能するのです。

このように遺伝子型が表現型として現れるためには、細胞はどのようになっていなければならないか。ここで細胞内の環境に眼を向ける必要があります。

細胞内の環境が遺伝子発現をコントロールすることは、分子生物学のパイオニアの一人、フランスのモノーらによって一九六〇年代に大腸菌で示されました。

大腸菌は普段はグルコースを代謝して生きており、実験室でもグルコースを与えて培養します。モノーらは、グルコースの代わりにラクトースを与えました。

大腸菌にはラクトースを代謝する酵素を作る遺伝子はあるのですが、通常それは発現していません。酵素を作る遺伝子のDNA領域にタンパク質（リプレッサー）が結合し、RNAに転写されないようにしているからです。ところがラクトースしか与えないと、細胞に入ったラクトースがリプレッサーに結合し、それをDNAから離します。そこで遺伝子がはたらき、ラクトース代謝酵素が作られるのです。

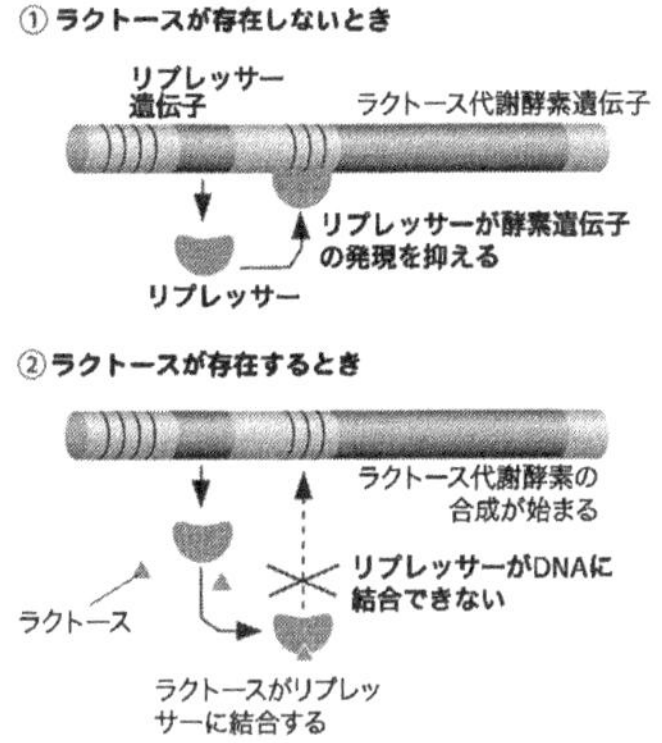
①ラクトースが存在しないとき
リプレッサー遺伝子
ラクトース代謝酵素遺伝子
リプレッサーが酵素遺伝子の発現を抑える
リプレッサー
②ラクトースが存在するとき
ラクトース代謝酵素の合成が始まる
リプレッサーがDNAに結合できない
ラクトース
ラクトースがリプレッサーに結合する

大腸菌の環境応答
ラクトース代謝酵素遺伝子がはたらくかどうかは、リプレッサーとラクトースという役者のはたらきによって決まる。

遺伝子の発現には、DNAに結合するリプレッサータンパク質、それにはたらきかけてリプレッサーのはたらきを止めるラクトースという役者が関わっているわけです。必要な時、すなわちラクトースがある時には酵素を作り、必要でない時は作らないというみごとな仕組みです。

大腸菌にとって、ラクトースは環境要

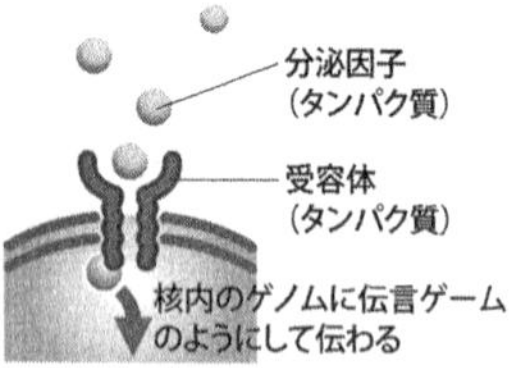

受容体の構造

受容体は細胞膜に埋め込まれており、分泌タンパク質と結合する細胞外領域とその情報を伝える細胞内領域で構成される。

因であり、酵素の発現は環境中のラクトースの存在に依存していることになります。このように、遺伝子発現の調節に関わる環境要因が細胞のはたらきに影響するというこの種の調節は、さまざまな生命現象ではたらいています。次に、多細胞真核生物が個体を作る時の調節を見ます。

体を作る遺伝子と環境因子

多細胞生物の遺伝子数はヒトを含めてだいたい数万個が標準であり、一つの細胞ではたらいている遺伝子数はその十分の一ほどと考えられています。腸、胃、心臓、肝臓……それぞれの細胞では、必要なタンパク質を作る遺伝子だけがはたらき、多くの遺伝子は休んでいるのです。

受精卵という一個の細胞が分裂して多細胞になる過程で細胞ごとの遺伝子の調節が行われてさまざまな細胞に分化していくのですが、この調節の過程全てがＤＮＡに克明に書き込まれているのではありません。細胞たちが隣同士とコミュニケーションしながら自分の正しい役割を探り、はたらく遺伝子が決まっていく場合が多いのです。

「細胞同士のコミュニケーション」は、具体的には、ある細胞が細胞外に分泌したタンパク質を、別の細胞が細胞膜上の受容体で識別し、「シグナルを受け取った」という情報を核に伝え、新たな遺伝子発現を始める（もしくはそれまでの遺伝子発現をやめる）というかたちで行われます。つまりある細胞が分泌したタンパク質が、別の細胞にとっての環境因子になるわけです。

前述した軟骨無形成症の原因遺伝子であるＦＧＦｒ３は、このような受容体を作る遺伝子の一つです。ＦＧＦ（線維芽細胞成長因子）という分泌タンパク質はさまざまな細胞の増殖・分化に関わりますが、軟骨細胞がＦＧＦの受容体の一つであるＦＧＦｒ３タンパク質を持っていないと適切な分化が起こらず、骨格の形成がうまくいかなくなるのです。環境因子がはたらくかどうかは、それの有無だけでなく、相手の細胞がその受容体を作る遺伝子を持っているかどうかで決まります。環境か遺伝かと二分できるものではなく、環境と遺伝とは相互に関係し合って細胞のはたらきを決めていることがわかります。この他にも

細胞同士のコミュニケーション

ｗｅｂ記事「脊椎動物の脊索はクモのどこ?!」では、細胞間の〝話し合い〟という現象から、クモとヒトのかたちづくりの意外な共通点を探し出します。

体外から入ってくる環境要因の影響もあります。次に、この例を見ましょう。

環境要因と奇形

妊婦が風疹にかかると胎児に障害が起こる危険があります。先天性風疹症候群と呼ばれ、とくに初期（三ヵ月以内）胎児で器官形成が行われている時に風疹ウイルスが胎児の特定の器官の細胞に障害を与え、心奇形や白内障などを起こすとされています。ウイルスという環境要因が胎児の体作りに直接影響を与える例です。これを防ぐため、風疹ウイルスに対する免疫を持たない女性には妊娠可能年齢前の予防接種が推奨されています。

妊婦が摂取することによって胎児の先天異常を防ぐと考えられている成分もあります。その一つに葉酸があり、神経管閉鎖障害（二分脊椎症、無脳症）という重症の脳・神経系異常の予防効果が認められています。脳の形成の章で詳しく述べますが（187ページ）、脳や脊髄は背中側の細胞層がU字形に盛り上がって閉じた神経管という管が元になって作られています。かつて欧米でこの神経管がうまく閉じない奇形が高率で見られ、葉酸の摂取により改善されました。詳細な作用は不明ですが、神経管形成に葉酸受容体が関わっている可能性が考えられています。

逆に、過剰の摂取が奇形の原因となる恐れがある栄養素もあります。ビタミンAは、視物質の合成などさまざまな必須の作用を持つビタミンです。一方、ビタミンAの代謝産物であるレチノイン酸が、発生過程で体のどこに何を作るかという形作りの制御に関わっています。細胞に取り込まれたレチノイン酸が核に移行し、DNA結合タンパク質であるレチノイン酸受容体と結合して体作りに関わる遺伝子の調節を行っているのです。そこで、必須だからといってビタミンAを摂りすぎると、レチノイン酸も大量に作られ、遺伝子調節のバランスが崩れて骨格などに形の異常が起こるとされています。

また近年、「環境ホルモン」としてヒトの内分泌系に作用を及ぼす恐れのある物質が問題になりました。現在のところは動物実験で確認されているだけですが、これらも、発生期の生殖器官の分化の際、体内の性ホルモンと同じように性ホルモン受容体に結合し、正常な生殖器の分化や性決定をそこなう危険性があると指摘されたものです。

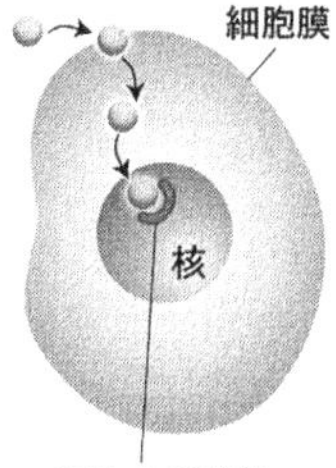

レチノイン酸受容体

タンパク質は細胞膜（脂質二重膜）を透過することができないため、その受容体は細胞膜上に存在しないと分泌タンパク質と結合できない（64ページ）。一方、レチノイン酸は脂溶性の小分子であるため細胞膜を直接通過し、レチノイン酸受容体も細胞内に存在する。このような受容体を特に細胞内受容体と呼び、ステロイドホルモンや甲状腺ホルモンの受容体もこれに含まれる。

この他、サリドマイド（睡眠薬として開発され、つわり防止剤や胃腸薬にも使用された。製造過程で生じる不純物に強い催奇性があり、これを服用した妊婦から四肢の発育不全〔アザラシ肢症〕を伴う新生児の出産が相次いだ）などの薬害、胎盤を通ったアルコールが胎児の未熟な肝臓では解毒できないために生じる胎児性アルコール症候群、喫煙による出生時の低体重など、母親の暮らす環境が胎児の環境となり、ゲノムのはたらくシステムに影響を与え、先天異常を引き起こす例が報告されています。

遺伝情報の誤りが表現型に現れない例

環境要因として、遺伝子変異があっても環境との相互作用で正常な表現型が現れるという非常に興味深い例を紹介します。

タンパク質は十数個から数百個のアミノ酸が一直線に並んだ鎖として合成され、それが複雑に折り畳まれて特定の立体構造をとってはじめて機能を持ちます。アミノ酸の並び方とタンパク質の形との関係はどうなっているのか、理論的解明はまだできていませんが、アミノ酸の並びが決まると形は自己形成されます。

この時の折れ畳みには、シャペロンと呼ばれるお手伝い役のタンパク質が必要であることがわかっています。シャペロンは、タンパク質が新しく作られる時だけでなく、熱などによって変形（変性）したタンパク質を元の形に戻したり、戻せない場合には分解を促進したりする役割もしています。つまり、タンパク質にとっての環境を整えているのです。ちなみにシャペロンとは、未婚女性の社交界デビューの時に付き添う年長の女性をさす言葉です。

シャペロンタンパク質の代表例が、細胞が通常の生育温度より高温にさらされた時に現れる、熱ショックタンパク質（heat shock protein：ＨＳＰと略称）です。この一つであるＨＳＰ90が、熱ショックと同時に、遺伝子変異によるタンパク質の「変形」を補うはたらきを持つことがショウジョウバエで見出されました。

ＨＳＰ90のはたらきが弱くなったハエの個体には、ある割合でさまざまな形態異常が観察されます。ＨＳＰ90は、直接形態形成に関わる遺伝子ではありません。ここからわかるように、表現型が正常に見える野生型のハエ個体でも、実は形態形成に関わる遺伝子にさまざまな変異があるのですが、少々のアミノ酸変化によるタンパク質の変形は、ＨＳＰ90

タンパク質の折れ畳み

ｗｅｂ記事「タンパク質の形と進化をつなぐ生物物理学」では、遺伝子の構造とタンパク質の立体構造の関係に着目し、タンパク質のかたちの進化を探る研究者の話が読めます。

のようなシャペロンタンパク質の作用で表現型には現れないようになっているのです。

シャペロンタンパク質は、タンパク質の表現型がちょっとやそっとでは異常にはならないように保障するはたらきをしているありがたい存在ですが、そのために遺伝子の変異をため込むことになるわけですから、問題なしとはいえません。ところが、一見マイナスに見える変異の蓄積が、形態の進化を促進する役割をしているのではないかとも推測されるのです。何がよいのか悪いのか難しい問題です。

ここまでに紹介した例から、ゲノムがはたらいて表現型が現れるという生きものの基本には、どこまでが遺伝子の要因で、どこまでがそれがはたらく時の状況という意味での環境の要因か、どこまでが正常でどこまでが異常か、どこまでが生きものにとってプラスで何がマイナスかということはきちんと区分けすることができないということがわかってきました。一筋縄ではいかないのが生きものなのです。私たち人間もこのような複雑な存在として生きているのだということを再確認し、そのうえで病気の予防や治療を考えていく必要があります。

3 生殖医療を考える

一人の人間の誕生には、両親に始まり遠い祖先まで通じるゲノムのつながりと、つながりの中で受けとったゲノムのはたらきとが必要であり、そのつながりやはたらきに誤りが生じた時に、先天性の異常が生じることがあるという事実を見てきました。「産む人」と「生まれる人」を支える医療の役割は、ゲノムのつながりとはたらきの中にある人間を支えることです。

しかし、科学技術の進歩は、この役割をもう一歩進めて、「生まれる」を「つくる」に近づけました。そもそも科学技術は、全てをつくることを目的としています。自動車をつくる、コンピュータをつくる……。その科学技術が、生まれる子どもと産む人（これは出

遺伝子の変異をため込むと形態の進化が促進される

web記事「分子進化と種の進化をつなぐ仕組み」では、シャペロンタンパク質が形態の進化に果たす役割について解説します。

産する母親だけでなく、父親も関わります）を対象にしました。不妊や先天異常を科学技術の力で解決しようと考えたのです。前者は生殖補助技術、後者は出生前診断として、程度の差はありますが生殖医療の現場で広く実践されています。

「産む」と「生まれる」に対する科学技術の関わりはどうあったらよいのかという問題に対する答えは簡単には出せません。医療も変化するもの、社会も変化するものです。しかし、「人間は生きものである」という事実はけっして変わりません。この基本をふまえて、生きものとしての人間という視点から生殖医療を考えていきます。

3・1 子どもを「つくる」？

しばらく前までは、子どもは「授かる」といっていました。子どもの誕生には、人知の及ばないところがあり、しかもそれはとても幸せなことであるという気持ちを表現する言葉です。

ですから、子どもが欲しいのに授からないことは、深刻な悩みです。不妊の原因はさまざまですが、受精や着床などの仕組みがわかってくるなかで、そこを技術で解決しようとする動きが出てきました。本来は体内にある精子や卵を体の外に取り出して扱うことができるようになってから、生殖医療は急速に進みました。

現在の不妊治療は、精子や卵が作られる過程、受精、着床から妊娠の過程での不具合を取り除いて、「産む・生まれる」の進行を可能にしています。医療の科学技術化の様子がくっきりと浮かび上がります。

生殖技術の始まり――人工授精

妊娠は、卵巣から放出された卵が、膣内に射精され卵管に泳いできた精子と出会うことから始まります。女性側の卵巣・卵管の機能にあまり問題がない不妊患者に対して試みられる医療の一つが、運動性のよい精子を集めて濃縮し、注射器で子宮内に注入する人工授精です。

通常は配偶者の精子を用いますが（Artificial Insemination with Husband's semen：ＡＩＨ）、男性が無精子症であったり精子に問題がある場合に第三者の精子を用いる場合（非配偶者間人工授精 Artificial Insemination with Donor's semen：ＡＩＤ）もあり、日本では一九四八年にはじめて実施されました。第三者の精子を用いることへの批判もありましたが、男性側に原因のある不妊治療としてその後も続けられ、これまでに一万人ほどの赤ちゃんが誕生したとされています。

ＡＩＨは、受精に際して性交を経るか経ないかの違いであり、不妊に悩む夫婦が子どもに恵まれるのを助けるものとみなすことができ、技術的にもあまり問題はありません。

一方、同じ技術を使うものであっても、ＡＩＤは非配偶者間の子どもになります。この方法で誕生したことを偶然知って（ほとんどの場合、両親や医師はＡＩＤの実施を子どもに伝えません）、自らのルーツに悩むという例が生じ、ＡＩＤを巡る制度を考え直そうという活動が広がっています。この技術が広がると、父親が同じ兄弟姉妹が他人として偶然知り合う機会も増えます。米国では、ノーベル賞受賞者の精子が売買されたという事例すらあります。

「産む」人の望みを叶えたために、生まれた人が悩む結果となったり、精子売買という問題を生じたこの方法は考え直す必要があるでしょう。

個人の誕生は、「つながり」の中にあるのですから、生まれた子どものことまで考えれば、子どもが生まれる関係にある男女を支援するのが医療の範囲でしょう。

生殖補助技術の発展――体外受精・代理出産

一九七〇年代以降、体外受精（in-vitro fertilization：ＩＶＦ）の技術が発展し、卵や精子への操作を含む医療が実施されるようになりました。これを高度生殖医療もしくは生殖補助技術（assisted reproductive technology：ＡＲＴ）と呼びます。この象徴が、一九七七年にイギリスではじめて実施された体外受精です。その翌年に女児が誕生し、日本でも一九八三年にこの方法で赤ちゃんが誕生しました。

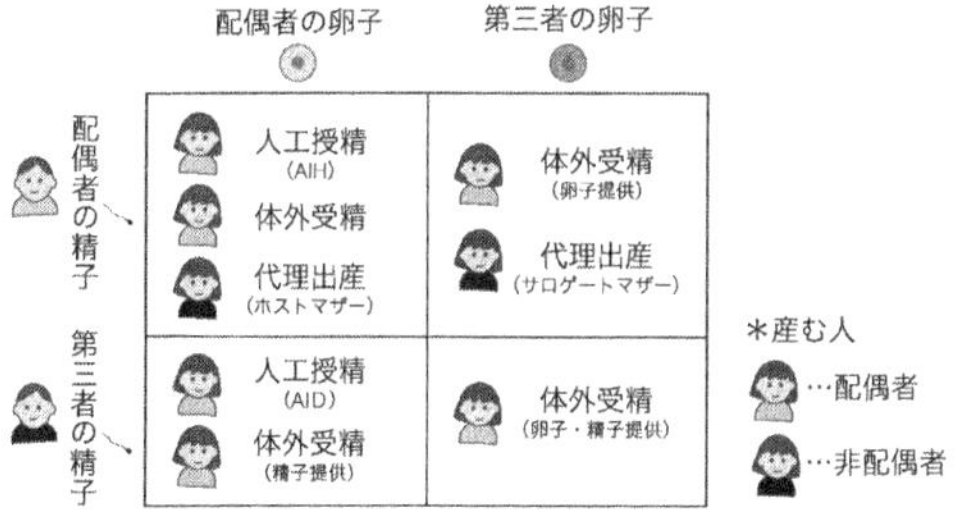

生殖補助技術のまとめ
生殖補助技術の登場により、卵子・精子の由来と産む人との「つながり」が多様化した。

当初は、「試験管ベビー」と呼ばれましたが、もちろん試験管の中で胎児が成長するわけではありません。受精卵が「ガラス容器」の中で過ごすのは受精直後の数十時間から細胞分裂を開始してまもなくの数日間で、その後、子宮に戻されます。

体外受精でまず重要なのが卵の採取です。精子と異なり体外に放出される仕組みがないので、採取の際、女性の体に負担が生じます。取り出した卵を受精させるにはいくつかの方法があります。初期にはガラス容器の中で採卵直後の卵を精子と混ぜ合わせるだけでしたが、精子に比べて大きな細胞である卵を凍結保存する技術が開発されると、複数個採取した卵を凍結保存して時間差で受精をさせたり、一個の精子を顕微鏡下で卵子に直接注入する顕微授精も行われるようになりました。

精子が成熟しないという男性側に原因のある不妊の場合に、精巣組織から取り出した未熟な精子での顕微授精も行われています。また、受精の場と子宮が切り離されたので、受精卵を第三者の子宮に戻す代理出産も試みられるようになりました（夫婦の受精卵を他の女性に移植する場合〔代理母はホストマザーと呼ばれる〕と、卵子も出産母から提供される場合〔代理母はサロゲートマザーと呼ばれる〕とがある。日本産科婦人科学会は、会員による代理出産の実施を禁止している）。

人工と自然

生殖補助技術によって可能になったことは多く、その恩恵を受けた人も少なくありません。しかし、それらのどこまでを医療と認めるのか、常に議論があります。国や時代によっても規制に幅があり、どれを認めるのが正しく、どれを認めるのは間違いという一般論が存在するわけではありません。

人間の誕生に関わる技術には、ある特殊事情があります。その技術を用いて生まれた人が一人でも存在すれば、その技術を否定することが難しくなるということです。その技術を否定すると、その人が生まれてきたことを否定することになるからです。したがって、この技術の場合、一度始まったら認める方向に進むほかありません。

当初、一般論として議論している時には、体外受精に対しては拒否反応のほうが強かったように思います。しかし、前述したように、イギリスでルイーズちゃんという女の赤ちゃんが誕生し、その写真が公表されてからは、この技術を技術としてだけ判断することは難しくなりました。最初はひそかに行うという雰囲気でしたが、今では、有名人が体外受精で母親になったと報道されるとカッコイイと受けとめる風潮さえ出てきました。

ここが、機械を相手の技術とは違うところであり、それだけに始める時は慎重さが求められます。

目の前にいる人を治したいという思いは大事です。不妊に悩む人の希望を叶えるのが医師の務めと思うのは、ごく自然なことでしょう。しかし一方で、私たち人間が生きものであるという事実を無視すると、どこかに無理が出ます。

これまで見たように、産む・生まれる過程は、母親と父親のゲノムと子どものゲノムのつながり、母親と胎児の体のつながりなど、さまざまなつながりの中の一つです。もちろんここに心のつながりが含まれることを忘れてはいけません。このつながりのどれかを切り離したり、どこかに手を加えるとき、まず目を向けるべきは生まれてくる子どもです。

生殖医療と体細胞クローン技術

最後に、現実の問題ではありませんが、生殖技術を考える場合によく出される「体細胞クローン」として個体を誕生させることについて触れておきます。この技術を生殖補助医療の延長上で捉える人もいますが、すでに説明したように哺乳類の生殖を見るかぎりヒトの体細胞クローン作成はありえません（41ページ参照）。ヒト個体の誕生に受精は不可欠なのです。クローンは、生物学の基礎研究や家畜の

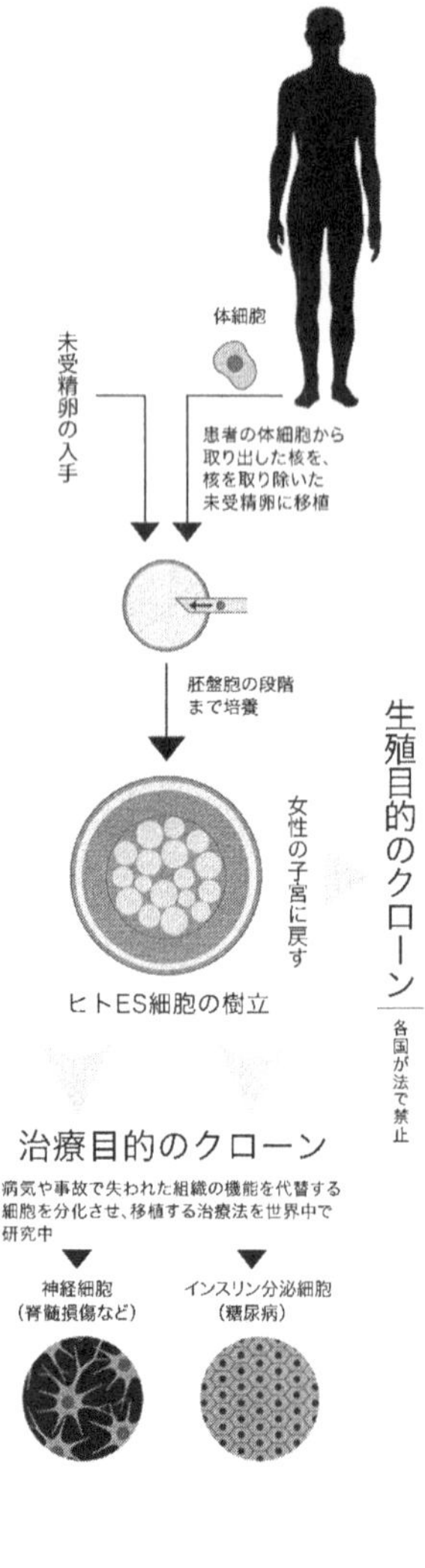
体細胞
未受精卵の入手
患者の体細胞から取り出した核を、核を取り除いた未受精卵に移植
胚盤胞の段階まで培養
女性の子宮に戻す
生殖目的のクローン
各国が法で禁止
ヒトES細胞の樹立
治療目的のクローン
病気や事故で失われた組織の機能を代替する細胞を分化させ、移植する治療法を世界中で研究中
神経細胞（脊髄損傷など）
インスリン分泌細胞（糖尿病）

体細胞クローン技術と医療
個人の体細胞の核を女性から提供された未受精卵に核移植することで、その個人のゲノムを持った胚盤胞が得られる。ここからES細胞を取り出し、拒絶反応のない臓器再生などをめざすのが治療目的のクローン研究。胚盤胞を女性の子宮に戻せば、理論的にはクローン人間誕生の可能性があり、これを生殖目的のクローンと呼び、各国が法で禁止している。

改良に応用されることはあっても、医療の手段とはなりえません。

私たちはさまざまな技術に囲まれて生きており、大変な便利さを享受しています。技術を支える価値は、利便性です。そこで、医療も技術化が進むにつれて、できるだけ便利にするためのもの、また限りない欲望にこたえるためのものになりつつあります。すでに述べたように、クローンによる個体の誕生は医療としては考えられないのですが、しばしば、幼くして事故死した子どものクローンが欲しいという気持ちを否定できますかという問いが出されます。この考えのおかしさに気づかないところに、現代が生きものを機械と同じように考えているという問題点が浮き彫りになっています。

たとえば、三歳まで生きた子どものクローンを誕生させたら、亡くなった子どもの三歳までの時間、つまりその子の一生を封印し、存在しなかったことにしなければなりません。どんなに短かろうとかけがえのない一生であることに変わりはありません。でも、クローン技術で新しく生まれた子がその子になるのですから、亡くなった子どもはいないことになるほかないわけです。しかも生まれた子は前の子の代わりですから、この子どももまたかけがえのない存在であることが否定されてしまいます。二人の人間を否定する、誤った考えとしかいいようがありません。

生きもの、とくに人間を機械のように、技術の可能性と便利さの対象としてだけ捉えるには限界があります。個人の誕生は、三十八億年の生命の歴史の中の一つの事象であり、その中でのたった一つの存在であることに意味があるのですから。

3・2 生まれる前の病気？

生殖医療の発展はまた、生まれる前の胎児や、着床する前の受精卵の「健康状態」を調べることを可能にしました。知ることは安心をもたらしますが、一方で大きな決断を迫るものでもあります。子どもが病気を持っていることを知ることにどのような意味があるのか、その後の対処をどうするのか。これにも、一般的な判断はありません。産む人、生まれる子ども、そのまわりの人々について個別に考え、その場その場での解を出さなければならない問題ですが、ここでもまた〝生きている〟という視点から考えましょう。

出生前診断

日本では通常の妊婦健診として超音波検査を行っていますが、これは胎児の健康状態を知るための出生前検査の一つです。母子にとってリスクの少ない非侵襲的な検査で胎児が健康に育っていることを知れば、親も医師も安心できます。ここで万一、胎児の状態に問題がありそうな時、あるいは染色体異常などのリスクが疑われる際には、さらに詳細な診断を行うことになります。

胎児の生理学的な検査は、羊水検査あるいは絨毛《じゅうもう》検査によって行われます。羊水中の成分によって先天異常の有無を調べたり、胎児と同じ細胞である絨毛組織から、染色体の異常を確定することができます。早期に胎児の異常を知ることで出生前に適切な治療を施すことも可能になりますが、治療法がない場合、障害を持って生まれる可能性が高いことを知りながら妊娠を継続するのか、中絶を選択するのかという難しい問題があります。

着床前診断

体外受精では、着床前診断ができます。体外受精の場合、通常複数の卵を受精させ、分裂が始まるのを待ちます。受精卵が二、三回分裂して四細胞期もしくは八細胞期の胚になったとき、一つの受精卵の中から細胞を一個取り出します。その細胞で染色体の構造異常や遺伝子疾患の有無を調べ、異常がなければ、その細胞を取り出した胚を子宮に戻します。ヒトの受精卵は調節的発生（初期の胚の一部が失われても全体としては正常に発生する現象）を行い、四細胞期や八細胞期には、その中の細胞が一つ減っても残りの細胞が完全な体を作ることがわかっているので、このような検査が可能なのです。

着床前診断は、受精卵の選別という行為につながるという点で賛否があり、日本では、重篤な遺伝病が現れる危険が予測される場合に限って行ってもよいという指針がありま す。近年、染色体異常が原因で流産を繰り返しているのではないかとされる習慣性流産にも適用すべきという考え方が強くなりつつあります。

「生きていること」を考える

子どもは、胎児の時から、両親にとって愛《いと》おしい存在です。〝生きる〟ということを基本に考えれば当然です。しかし、現実には、「中絶」(人工妊娠中絶)が無視できないほどの数で行われていることもたしかです。日本の法律では経済的理由など条件つきで中絶を容認しています。

中絶や体外受精に関連して、人間の始まりはいつかという問いがあります。一九七〇年代から、世界中でこの問題が議論されてきました。その中で、受精卵はすでに人間であるという考え方、脳ができて脳波が識別できるようになった時を人間の始まりとしようという考え方などさまざまな意見が出されました。もちろん誕生の時とする人もいますし、伝統文化の中では、生後一週間は人間とは見なさないという見方さえあるのです。

結局、論理的に人間の始まりを決めることはできないというのが現在の結論といってよいでしょう。文化や法律の中での判断によるしかないのです。そうはいっても、医療の中での受精卵の扱い方など、新しい技術に対応した約束事が必要です。現時点では、受精後二週間までは研究対象にできる、という判断が研究者の中での約束事になっています。ちょうど神経ができる時です。

どんな事情があろうとも、それが人間として生きる可能性のあるものであるということを忘れてはなりません。そこからおのずと考え方や具体的な行動が見えてくるでしょう。胚を研究に用いる時は、人間に対するのと同じ気持ちが生まれるでしょうし、実験が終わった後もそれを粗雑に扱うことは許されません。

もっとも、〝生きている〟ということは厳しいことです。受精卵が着床に至る過程には、生きものとしての選択という仕組みがあることを説明しました。また、遺伝子や染色体には私たちが想像する以上に、異常と正常の間に複雑な関係があることも見てきました。このような複雑さを持つ生きものについて知り、それを人間社会が持つ知恵や文化とあわせて考える以外に、人間に向き合う態度を決める方法はありません。正解はなく、一人ひとりが納得すること、そこまで考えることが大事なのだと思います。

医師にとっての知識は、「患者」という生きている存在との関わりの中で得られ、用いられるものです。医学の知識だけでなく〝生きている〟ことを考え、知恵や文化についても思いを致すことが、医師に必要な職業倫理であり、医療倫理でしょう。

医師という職業には、人間としての信頼が重要です。科学のデータ、先端技術は使いこなせる必要がありますが、それがすべてではありません。医療に関わる人すべてが、人間らしくあることが前提です。

第二章　育つ

1 かぜとけが

母親の子宮の中で成長した胎児は、誕生を経験し、一つの個体として独立し、世界と関わりながら育っていきます。多くの生物が多産・多死であるのは、世界と関わりながら育つことが基本的に苛酷であり、成体になるのはなかなか難しいことを示しています。哺乳類はあるところまで子宮内で保護し、また誕生後も親が保護することでこの危険を少なくしていますが、今も日本人の五〜十四歳の死因の第一位は「不慮の事故」です。人間社会でも育つ過程に危険が潜んでいることは同じなのです。

不慮の事故は、本人にとっても、両親はもちろん家族や友人にとっても辛いことですが、死因の一つが事故になったということは、医療の成功を意味すると見てもよいでしょう。病死が少なくなったということですから。ここでは、現代医療がどのようにして進展してきたか、その中でどのような問題点が残っているかを見ていきます。実はそこには新しい問題が生まれていることも見えてきます。

子どもが育つなかで避けられないのがかぜとけが、つまり感染症と外傷です。このような問題を解決するための能力として、生きものとしてのヒトは感染したウイルスを除去し、傷ついた皮膚を再生する仕組みを備えています。そして現代社会は、栄養状態や衛生環境を改善し、ヒトの能力を高め、感染の機会を減らすことによって、感染症による死亡を減らしてきました。また感染症の原因となる微生物に対抗する薬、特に抗生物質の開発や、外傷の応急処置の改善などの努力もしました。

こうして、平均寿命が延び、一人一人が一生を健康に送れる社会に近づいたといえます。しかし、このような努力と成果は病気との闘いの終わりを意味しません。現代文明が産み出した病ともいえる生活習慣病、新しい感染症などが浮かび上がり、健康に生きることの難しさが実感されます。これについては後に触れます。

1・1 原因が外にある病気

病気の原因は大きく、環境的な要素が強いもの（外因）と体質的な要素が強いもの（内因）に分けられます。

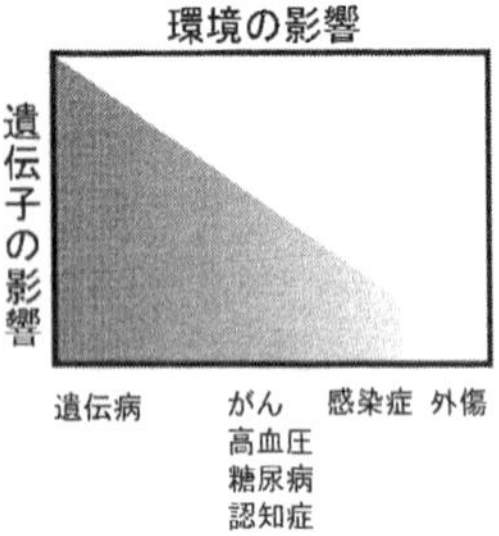

病気に対する環境と遺伝の影響
ほとんどの病気は、環境要因と遺伝要因の両方の影響を受ける。

子どもにとって、ある意味ではこの世界は病気やけがの原因だらけといえますが、そもそも生きものは常に周囲と関わりながら生きる存在なので、生きものを支えるゲノムにはそれらに対処する仕組みがあります。

上の図は、人間の病気を環境と遺伝の相関関係で示したものです。遺伝の影響で百パーセント決まるのが単一因子による遺伝病、環境の影響だけで起きるものが外傷であり、中間にはさまざまな感染症、がんや糖尿病などの生活習慣病が入ります。もちろん、個々の病気が環境と遺伝の影響をどれだけ受けているかは、厳密には決められません。「うっかり柱におでこをぶつけた」という時も、その人が生まれつきのうっかり屋さんで、そこに「遺伝」の影響を無視できないかもしれませんし、そのときの治り具合も、その人の持つ力によるところがあるでしょう。

このように、病気の原因を外因と内因に分けることには限界があるわけですが、ここではまず「主に外因」で起きる感染症と外傷を取り上げ、それに対抗するゲノムの仕組みを見ていきます。

かぜ——体の持つ防御能力を知る

一度もかぜをひいたことがない人はいないでしょう。かぜと一口にいってもいろいろな原因がありますが、ここでは、ウイルスによるかぜに焦点をあて、かぜを通して感染症について考えます。

かぜ（風邪）はその名の通り、風＝空気の出入り口である鼻腔や咽頭、気管の病気で、ウイルスがそれらの細胞に感染することで発症します。かぜを起こすウイルスにはさまざまなタイプがありますが、その症状はくしゃみや鼻水、鼻づまりといった共通の体調不良から始まります。この時には、喉などの上皮細胞がウイルスに感染しています。

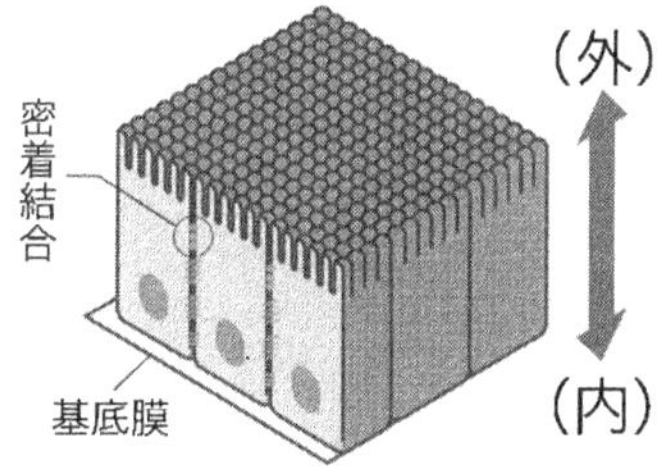

上皮細胞の構造
細胞（上皮細胞）同士がしっかりとくっつきあい、隙間のない層構造をつくる。図は小腸の上皮組織で、消化した栄養分を取りこむための細かい突起が存在する。

上皮は、体の内側と外側を隔てている、隣り合った細胞同士が密に詰まった構造（密着結合）で、主に体表面と管状器官の表面（気管・消化管など）に見られます。ウイルスは生きている細胞にしか感染できないので、私たちの体を覆っている角質化（角化）

した皮膚はウイルス感染を防ぐ物理的な障壁となっています。ここに体の持つ第一の防御壁があります。

ところが呼吸器は、生きている上皮細胞が直接外界（空気）と接しています。そこで呼吸器の上皮は粘液を分泌して細胞を覆い、異物が細胞膜に付着するのを防ぎ、さらに細胞膜にある繊毛の動きで異物が気管の奥に向かわないようにしています。またこの粘液には、細菌やウイルスに対して抗菌活性のあるデフェンシンというタンパク質も含まれています。

このような物理的・化学的な仕組みに加え、細胞が侵入した病原体を〝食べる〟ことも、大事な防御システムの一つです。

脊椎動物では、全ての組織をマクロファージと呼ばれるアメーバのように動きまわる食細胞が巡回しており、とくに肺など感染が起こりやすい大事な器官には多く存在していいます。マクロファージは細胞表面を覆う粘液中をパトロールし、侵入した病原体と出会うと食作用によって細胞内に取り込み、デフェンシンや酵素を使って分解します。また、血中に多く存在する好中球《こうちゅうきゅう》（中性を好む白血球の意）も外部からの侵入者に対する食作用を持ち、その結果死んだ細胞が、膿《うみ》の主成分です。

デフェンシンやマクロファージによる生体防御は、あらゆる病原体の感染直後から素早く機能する仕組みであり、自然免疫と呼ばれています。ヒトにかぎらず全ての動物に共通する生体防御の基本であり、特にデフェンシンは、植物と動物が分岐する十億年以上前から生物を守ってきました。

自然免疫の仕組みがうまくはたらけば、たいていの病原体を破壊できます。しかし病原体も生きる工夫を重ね、なかには自然免疫をすり抜けるものもいます。たとえば結核菌は、マクロファージに捕らえられても食胞作用を逃れ、食べられてしまわずに細胞内で生存・増殖する能力を持っています。

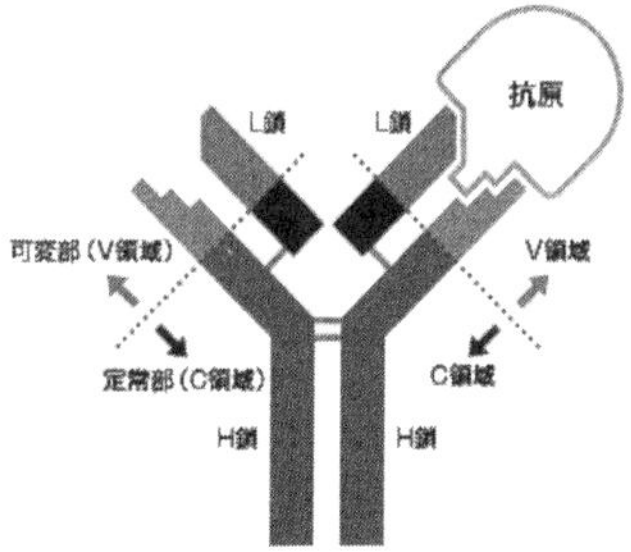

抗原抗体反応

抗体分子の可変領域が特定の抗原と結合する。この反応により、異物の凝集や免疫応答の活性化が起こる。

自然免疫では対処しきれなかった感染に対しては、適応免疫（獲得免疫）と呼ばれるさらに高度な免疫反応が起こります。適応免疫は、脊椎動物だけが持っている防御機構であり、白血球の一種であるリンパ球が担当します。その仕組みの基本は、「なんでもやっつける」という自然免疫の戦略に対して、「特定の相手だけをやっつける」という抗原抗体反応にあります。自分の体内で生み出された物質以外は基本的に異物であり、自然界に存在する（もしくは人工的に作られた）無数ともいえる異物の一つ一つを「抗原」として認識する抗体を作る仕組みは、とても巧みな生きものの生存戦略です。

人間が一生の間に出会う異物は数千万とも数億ともいわれるのに、遺伝子数が二万二千個しかないヒトゲノムでどうやって対応しているのでしょうか。遺伝子が組換えを起こすこの仕組みの解明は、日本人が大きな貢献をした分野であり、興味深い分野ですので、ぜひwebを見てください。

自然免疫と適応免疫がうまくはたらくと、かぜを含むほとんどの感染症は「自然に」治ります。この時、大事なのは、休息と栄養。喉の痛み止めの薬を用いたり、細菌による炎症に対して抗生物質を投与することはありますが、いずれも対症療法であり、「かぜ」そのものを治すわけではありません。

かぜを起こすウイルスに対する治療薬はまだ存在しません。それが医療にとって大きな問題でないのは、私たちの体が持つ能力、具体的には、ウイルス感染が個体を死においやる前にはたらく免疫システムのおかげです。この力を支援することこそが効果的なかぜ対策といえるのです。

感染する食中毒——新しい細菌の登場

子ども時代に医師の世話になる病気の一つに食中毒があります。これは、「傷んだ食物を食べてしまった」ことが主原因とされ、感染症としての捉え方はあまりされてきませんでした。特に日本の夏は高温多湿なので、腐敗＝食中毒とされがちです。もちろん腐敗も細菌によって食物タンパク質が分解され、毒性や臭気を持つ物質が生まれるのですが、細菌そのものに毒性があるわけではありません。

しかし、細菌によっては毒性の強い物質を作るものがあり、ごく少ない菌数しか体に入り込まなくても人体に大きなダメージを与える場合があります。コレラや赤痢がその例で、行政対策上も食品衛生法ではなく、感染症法で対応しています。

細菌感染による下痢・嘔吐《おうと》などの症状は、細菌が消化管の細胞のはたらきをそこなう毒素を産生するために起こります。たとえばコレラ菌の感染は下痢による急激な脱水症状を起こしますが、これはコレラ毒素が腸管の上皮細胞に入ると、細胞がイオンを取り込んで浸透圧を調節する仕組みがそこなわれるためと考えられています。細菌の毒素は、消化管

免疫の解明に貢献した日本人
ｗｅｂ記事「免疫とアレルギーのしくみを探る」、「免疫のしくみに魅せられて」で、二人の日本人免疫学者の代表的な研究を紹介しています。

の中で増殖する際に作られる場合もあれば、細菌が食物中ですでに産生している場合もあります。コレラや赤痢は衛生環境の改善により、先進国では散発的な発症にとどまっています。

ところで近年、本来、ウシや豚などの家畜の大腸をすみかとする大腸菌が食肉加工の過程での殺菌をすり抜けたのか、人間に入り込む例が出てきました。O157と名づけられたこの大腸菌は感染力が強く（強い毒素を出し、わずかな菌数の感染で症状が現れる）、集団感染という事態となりました。この病原性大腸菌O157のゲノムを調べたところ、私たちの腸内にいる大腸菌に、赤痢菌など他の病原細菌に由来するDNAがプラスされていました。細菌の間では、DNAが頻繁に水平伝達することがわかった重要な知見です。

DNAは親から子へと垂直に伝わるだけでなく水平伝達もしばしば見られるのです。しかもこのようにして毒性物質を作る遺伝子が移る例があるのですから、油断はなりません。種を超えたDNAの移動は細菌の得意技であり、その仕組みについてはあとで詳しく紹介します（107ページ）。

なお、保育園など集団生活をする幼い子どもの間では、真冬に嘔吐や下痢などの食中毒症状が流行することがあります。これはウイルス性腸炎であることが多く、ロタウイルスや、カキなどの貝類から感染するノロウイルスがあります。ロタウイルスは、途上国での幼児の死因の上位を占めており、世界的に見ると、このような感染症がまだまだ問題であることを示しています。

けが——皮膚を通して見る再生の妙

感染という現象を体の構造から見ると、気管や消化管など体の中にある管状の臓器が病原体との接点であることが見えてきました。これらの器官の表面が上皮細胞で覆われていることはすでに述べた通りですが、気管の前端（口）と消化管の後端（肛門）でつながり、体の「オモテ側」全体を覆っている表皮もまた、何層にも重なった上皮細胞でできています。

表皮のうち、最も表面にある細胞は角化細胞（ケラチノサイト）と呼ばれています。厚い細胞膜でできた袋にケラチンという繊維状のタンパク質が詰め込まれた、核も細胞小器官もない生物学的には死んだ細胞です。これが外界との物理的なバリヤーとなり、その役目

O157の進化

web記事「O157が生まれた理由」では、ゲノム研究が明らかにした病原性大腸菌の進化について解説します。

を終え自然に脱落していくのが垢《あか》です。乳児の皮膚はまだケラチン組織の発達が十分ではないためすべすべして魅力的ですが、皮膚による保護機能は十分ではないわけです。

脱落する角化細胞と釣り合うように、上皮の最も内側にある細胞層では基底細胞と呼ばれる細胞がさかんに分裂しています。一個の細胞が生まれてから、皮膚から脱落するまでの期間は一ヵ月ほどです。基底細胞が分裂すると、その一つはそれ以上分裂できない角化細胞になり、もう一つは、元の基底細胞と同じ分裂できる細胞になります。

このように、細胞分裂した時に、一つは限られた種類(この場合は皮膚の細胞)の細胞に分化し、もう一つは自分自身と同じように未分化なまま分裂できるという二種類の細胞を生み出す能力のある細胞を幹細胞と呼びます。幹細胞は私たちの体を常に新しくしていくための重要な細胞であり、いわゆる再生医療はこの能力を使うわけです。再生医療は後で取り上げます。

体中の表皮でこのような角化細胞の脱落と幹細胞による更新が起きているので、皮膚はいつも新しく作られています。皮膚はヒトの持つ最大の再生器官といえるでしょう。

けがをした時、再生器官としての皮膚がその能力を発揮します。皮膚が損傷して出血が起きると、その部分の基底細胞や毛細血管の内皮細胞が部分的に死んだ状態になります。死んだ細胞を埋め合わせするには、傷口で細胞が分裂する必要があります。それに大いに役立っているのが、「生まれる」の章（第一章）で紹介した細胞同士のコミュニケーションです（65ページ参照）。

細胞は、適切な温度で栄養が与えられれば簡単に増殖しそうですが、多細胞生物の体を構成する細胞を培養皿に取り出して、糖分などの養分を十分与えても増殖しません。私たちの体を作る細胞は、他の細胞から「増えていいよ」というシグナルをもらわないと増えない仕組みになっているのです。私たちの体の中で細胞たちが勝手に増えたら、体としての統制がとれません。体全体の維持には、本来、増殖する能力を持っている細胞に「増えてはいけないよ」という指示を出すことが重要なのです。ですから、けがを治すには、あらためて増殖を促す情報が必要です。

けがで出血した箇所は、まず血液凝固によってふさがれます。この反応が過剰な出血を防ぐのはもちろんですが、凝固の際に、血液成分の一つである血小板が傷の修復を促すいろいろな因子が詰まった小胞を放出します。その一つが血小板由来増殖因子（ＰＤＧＦ〔platelet derived growth factor〕と略称される。ＦＧＦ〔65ページ〕とともに、主要な増殖因子の一つ）と呼ばれるタンパク質で、このタンパク質は表皮細胞を含むさまざまな細胞の増殖を促進します。こうして傷の部分が治り、表皮細胞で覆われるのです。

ところでここで大事なのは、適切なところで分裂を止めることです。分裂停止の仕組み

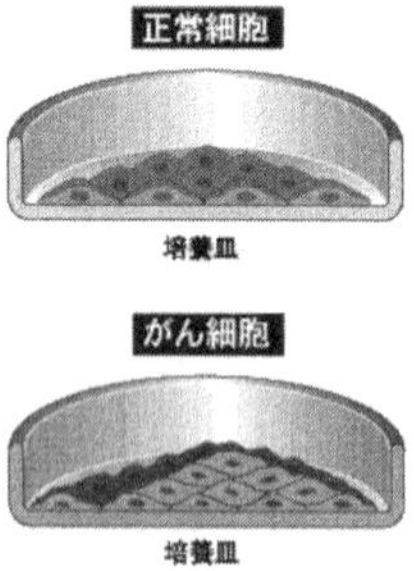

増殖の接触阻害
正常細胞はまわりが密な状態になると増殖を止める。一方、がん細胞は増殖が止まらず、積み重なっても増え続ける特徴を持つ。

はまだよくわかっていませんが、放出された増殖因子が傷の修復とともに失われていくことがシグナルになっているのかもしれません。細胞培養実験では、細胞が培養皿一面に広がって密な状態になると増殖が止まるので、同じような仕組みがはたらいているのかもしれません。いずれにしても、適切なところで増殖が止まることが大事で、細胞は増えればよいというものではありません。

最近、傷の修復には皮膚以外の細胞も関わっていることがわかってきました。皮膚と同じように活発な再生能力を持つのが、一生にわたって生え続ける毛の幹細胞です。皮膚が損傷を受けた時のような緊急時には、毛の幹細胞が表皮の細胞に分化することが、マウスを使った研究でわかりました。けがという非常事態に対応し、すみやかに修復する見事な仕組みです。細胞は体の各部分を構成するだけの単なる部品ではなく、ひとつひとつがつながってはたらく存在であることがよくわかります。

これが、同じゲノムを持ってはたらく細胞が、お互いに関係を持ち合いながら個体を支える姿なのです。

輸血の功罪

けがをした時に起こる出血は、細胞がはたらいてけがを治すための大事なきっかけになっていることがわかりました。しかしけがの程度がひどく、短時間に大量の出血があると個体の生存に関わります。このような大量出血は手術時にも起きます。そのような場合は、救急措置としての輸血が必要となります。

ＡＢＯ血液型の発見、血清と赤血球の反応による溶血反応の解明などにより、近代的な輸血法が積極的に医療に取り入れられるようになりました。また、採血した血液を凝固させない保存法も開発され、献血と血液供給システムとは医療を支える重要な制度の一つとなりました。

しかし、他人の血液を体内に取り入れるということは、血液という体の成分を移植する治療にほかなりません。

献血制度が確立する以前には、日本でも金銭を介した「売血」が主流で、献血者の健康検査が十分でなかったため、輸血による肝炎ウイルスなどの感染が相次ぎました。現在では、採血後の血液は使用されるまでの期間に、病原体に対する抗体が含まれていないか、もしくはウイルスに由来する成分が存在していないかが検査され、肝炎ウイルスやエイズウイルスなど複数の感染チェックが課されています。また必要な成分だけを輸血することで、感染リスクを低くする努力がなされています。しかしウイルス感染の初期の期間（ウインドウピリオドといいます）に採血された血液は、感染の有無の判定が非常に困難であるなど、輸血を介した感染症のリスクを完全になくすのは容易ではありません。

血液は造血幹細胞のはたらきにより一生の間、作り続けられます。皮膚とともに最大の再生器官です。ある程度の出血が命取りにならないのも、採血ができるのもそのおかげであり、献血制度はその特性を利用したものです。

人工的に血液の機能を代替する手段がない現在、輸血は救急措置や手術においては必要不可欠ですが、生きものとしての体は輸血という行為を想定してはいないのですから、安易な輸血は避けなければなりません。輸血がさかんに行われている現状を見ると、再生医療の中で最も緊急に技術開発すべきは血液であり、血液の機能を代替する手段の開発も急ぐ必要があると思います。

1・2 医療の科学技術化と感染症

かぜとけがという切り口で、子どもと病気、その中で私たちの体が持つ生きものとしての能力がどのような役割をしているかを見てきました。子どもの死亡率の一位が事故という現状の背後には、重篤な感染症の減少を支えた医学と生物学の接近の歴史があります。それをおさらいし、生きるという視点から見た時の、この努力の意味と問題点とを見ていきます。

医学は人間を知る学問であり、医師は医学に基礎を置く専門職としての長い歴史を持っています。一方、生物学は、自然哲学からはじまって、自然の多様な生物を知るための博物学の時代が続きました。医学は人間、生物学はそれ以外の生きものを扱ってきましたし、生物学はあまり役に立つことを考えませんでした。医学とは全く別の道を歩いてきたといえます。

ところが、十九世紀の四つの大きな発見で生物学が変わりました。生物は進化し（進化論）、細胞でできており（細胞説）、遺伝子を伝え（遺伝の法則）、化学反応に支えられていること（生化学）の発見です。こうして、生きていることの基本を支える共通の仕組みが明らかになったのです。二十世紀になると、細胞には必ずＤＮＡ（ゲノム）が入っており生化学も遺伝も進化もゲノムを基本にはたらいていることがわかりました。こうして、人間も生きものの一つとして見ることができるようになったのです。今では医学と生物学が接近し、医療に科学技術の成果を次々と投入するのが当然のように考えられていますが、それはそんなに古いことではありません。この歴史を感染症との闘いを例に見ていきます。

微生物の狩人

日本では、一九〇〇年まで結核が死因の第一位を占めていました。明治から昭和前半にかけての近代文学では、徳冨蘆花の「不如帰《ほととぎす》」から堀辰雄の「風立ちぬ」まで、結核患者を取り上げた作品が多くあり、正岡子規など若くして結核で亡くなった著名な文学者も少なくありません。抗生物質の登場や栄養状態の改善などで、現在ではこの病気が若者の「死病」になることはほとんどありませんが、老人にとっては今でも危険な病気です。「結核」予防のためのＢＣＧ（Bacille de Calmette et Guérin〔カルメット-ゲラン型桿菌《かんきん》〕の略。ウシ結核菌を培養し、弱毒化したもの。ＢＣＧを接種すれば、免疫を獲得し結核菌に感染しても発病率が低下する）は今も接種されています。

結核の原因を突きとめたのは、ドイツのロベルト・コッホです。彼はもともと開業医でしたが、誕生日に奥さんから顕微鏡をプレゼントされたことがきっかけで微生物に興味を持ち、当時ヒツジなどの家畜で流行していた炭疽《たんそ》病の原因となる細菌を発見・分離し、感染症と微生物の因果関係を明らかにしました。一八八二年には結核菌を発見し、動物と同じようにヒトでも感染症の原因が細菌であることを明確にしたのです。

なお、日本の感染症研究の第一人者である北里柴三郎は、ドイツに留学してコッホに学び、破傷風菌、ペスト菌などの発見で活躍しました。また北里の門下生である志賀潔は赤痢菌を発見するなど、コッホの打ち立てた細菌学は日本でも大きな流れとなりました。

コッホと同じく、感染症研究の始祖とされているのがフランスのルイ・パスツールです。パスツールはもともと化学者でしたが、若くして新設大学の重職に就いた彼に、ブドウ酒製造業者からアルコール発酵がうまく進まない原因の相談がきました。彼は、発酵は酵母菌が進め、乳酸菌や腐敗菌が変性を起こしているという因果関係を突きとめました。

さらに彼はこの因果関係を拡張し、肉汁の腐敗は微生物で起き、微生物が外から入らないようにした容器では腐敗が起きないことを示しました。これは、「生物がいないところからは生物は生まれない」という重要な考え方につながります（当時はまだ、目に見えない微生物の自然発生の可能性が議論されていた。なお、ここでいう自然発生説の否定とは、地球上に最初の生命が自然に誕生したことを否定するものではない）。

娘をチフスで亡くしたパスツールは、感染症研究に力を注ぎ、ニワトリコレラ菌の研究から、弱体化した病原菌を感染させると、その後、強毒菌にかかっても死なないことを見つけました。

パスツールより九十年ほど前の十八世紀終わりに、イギリスの医師ジェンナーが牛痘《ぎゅうとう》接種で天然痘を予防できることを示し、「免疫」という考え方を出していたのですが、それを感染症一般に拡張できることを提唱したのです。当時は単離できなかった狂犬病ウイルスに対しても、病原体そのものではなく、感染した動物の患部を利用してワクチン（111ページ参照）の開発に成功しました。狂犬病ウイルスをウサギの脊髄に繰り返し接種したものは、ウサギに対する感染力は高まりますが、逆にイヌやヒトに対しては毒性が弱まっていることを見いだし、この脊髄を処理し、ワクチンとして使用したのです。

なお、ＢＣＧを開発したのは、パスツール研究所のカルメットとゲランという研究員であり、その名称に名をとどめています。

微生物の感染が病気の原因であるという一般則が確立し、医療は近代化しました。具体的には、医療が「人間」を離れても研究可能となったのです。病気の人を診なくとも、病原菌を実験室で培養し対処法を考えたり、動物に実験的に感染させて症状を見たりできるようになったからです。また動物や卵を用いてワクチンの製造もできます。医療の科学技術化です。

この背景には、生きているという現象は、微生物でも動物でも人間でも基本的には同じであるという認識があります。このような医学は「実験室の医学」と非難されることもありますが、このおかげで多くの人命が感染症から救われ、また微生物に関する知識も大きく発展しました。ただ、生きものは基本は同じといっても、やはりそれぞれの特徴を持っているので、たとえばマウスでの研究がそのまま人間に通用しない場合も少なくありません。同じで違う。生きものを見る時は、いつもこの見方が必要です。そのような見方をしたうえで、実験室の医学が現実の医療につながり人間を見る医療を支えるようになることが必要です。

原核生物と抗生物質

感染症の原因となる微生物には、真核単細胞である真菌（カンジダや水虫など）も含まれますが、多くは原核単細胞が主役です。私たちは、真核細胞が数十兆個も集まってできている真核多細胞生物です。原核細胞と真核細胞は、核の有無という構造の違いだけでなく、生きる仕組みの基本も違います。「抗生物質」が治療に使えるのは、この違いのおかげなのです。

一九二〇年代にイギリスの細菌学者アレクサンダー・フレミングは、培養皿にたまたま飛び散った唾液や、入りこんだ青カビのまわりで、細菌の増殖が抑えられていることを発見しました。リゾチームとペニシリンの発見です。リゾチームは涙や唾液などの粘液、卵の卵白に豊富に存在し、細菌の感染を防ぐ酵素です（市販の風邪薬の成分としても入って

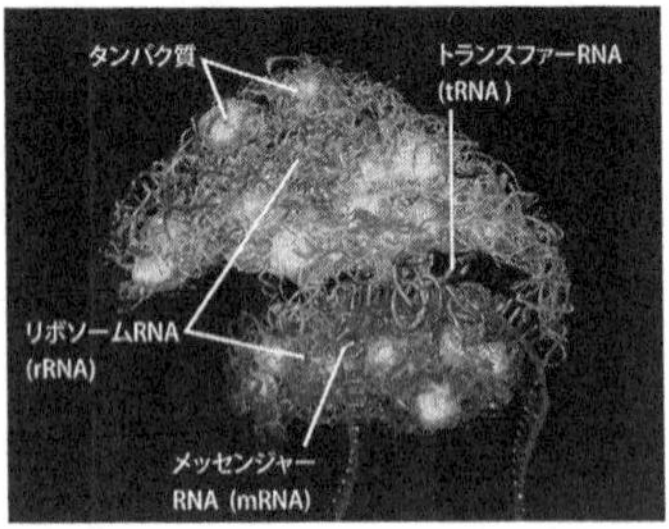

リボソーム
RNAに写し取られた情報を翻訳し、タンパク質合成を行う細胞小器官。リボソームRNAとリボソームタンパク質からなる。真核生物と原核生物では、この構成成分がやや異なる。

います）。一方、青カビは、細菌との生存競争を有利に進める手段として化学物質ペニシリンを合成しています。

リゾチームとペニシリンは、物質としても、またはたらき方もまったく異なりますが、細菌が持つ細胞壁に作用し、細胞壁の合成を阻害したり溶かしたりして細菌の増殖を抑えるという共通の能力を持っています。

細菌は硬い細胞壁を持っており、さまざまな生育環境下でも形を保って生きることができます。この細胞壁は、植物の細胞壁を作っているセルロース（炭水化物）とは異なる、ペプチドグリカンという糖タンパク質です。リゾチームやペニシリンは、この糖タンパク質やそれを合成する酵素に作用するのです。

また結核の治療に用いられた抗生物質ストレプトマイシンは、タンパク質合成の器官であるリボソームに作用しますが、リボソームRNAもまた真核生物と原核生物で異なる構造を持っており、原核生物のものだけが作用を受けます。

ペニシリンの発見以来、さまざまな抗生物質が発見され、治療に応用されてきました。

抗生物質を生産するのは真核単細胞生物です。微生物の世界では、真核生物と原核生物の熾烈《しれつ》な競争が何億年も続いてきたので、それぞれが競争に有利になる物質を生産しているのでしょう。私たち人間は真核生物なので、真核単細胞生物が原核生物に勝つために作った強力な武器を医療に応用できるわけです。

原核生物もただ手をこまねいているわけではなく、特定の抗生物質を分解できる耐性菌が必ず存在します。一部の真核生物が用いていた物質を人間が大量に合成して、医療に使用したり、家畜の病気予防のために飼料に安易に混ぜたりした結果、抗生物質が効かない耐性菌が広がっていることが大きな問題になっています。耐性菌の出現は、原核生物も必死に生きるための工夫をしていることを示しています。

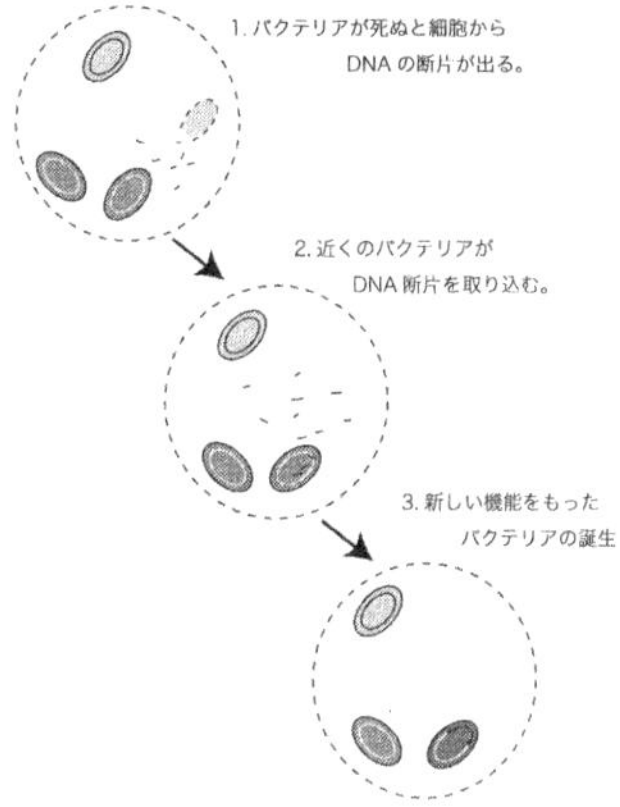
1. バクテリアが死ぬと細胞から DNA の断片が出る。
2. 近くのバクテリアが DNA 断片を取り込む。
3. 新しい機能をもった バクテリアの誕生

原核生物のDNAの水平伝達

個体がＤＮＡを受け渡す基本は、親から子への伝達です。単細胞生物の場合は、親細胞が分裂して娘細胞になります。垂直伝達と呼ばれ、これがＤＮＡ伝達の基本であることはたしかです。しかし、同種の生物の個体間、

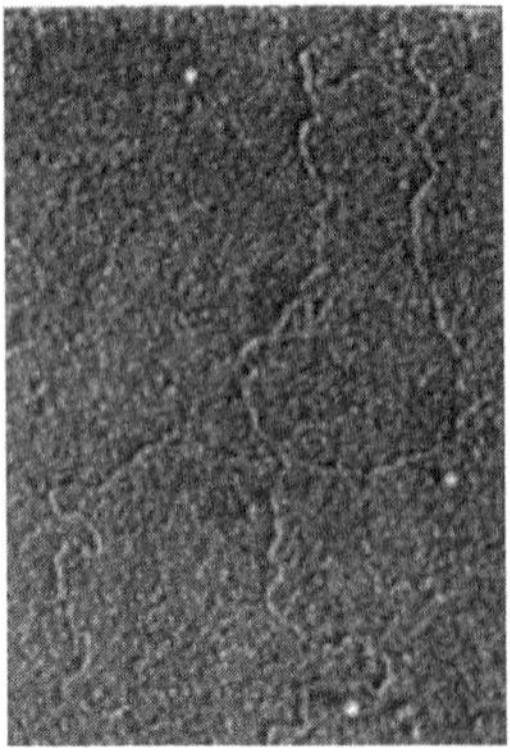

プラスミド plasmid
染色体とは別個に存在して自律的に増殖する遺伝因子の総称。通常世代を通じても安定的に維持され、水平伝達でも集団に広がることができる。上は細胞から取り出したプラスミドの電子顕微鏡写真。環状のDNAが観察できる。

時には交配を経ない異種間でDNAが受け渡される場合があることがわかってきました。病原性大腸菌O157のところで紹介した水平伝達と呼ばれる現象です。水平伝達は真核生物の場合はウイルス感染などによって行われますが、原核生物では細胞間でのDNAのやりとりが、生き方の一つといってよいぐらい頻繁に行われているのです。

細菌が死んで細胞内のDNAが分解されて外へ出て、これが他の細菌に取り込まれることもありますが、もっと効率良くDNAが移動するシステムもあります。原核生物はゲノムDNAに加えてプラスミドと呼ばれる小さいDNA（ゲノムDNAの数千分の一ほど）を持っており、プラスミドが細胞から細胞へと移動するのです。

抗生物質耐性菌は、抗生物質を分解できる酵素遺伝子をプラスミドDNA上に持っています。このプラスミドは普通の状況では生命活動に直接関係のない「よけいな」DNAですから細菌全体の中で少数のものにしか存在しません。

しかし、外界に抗生物質が存在する状況下では、このプラスミドを持っている細菌だけが生き残ることになり、抗生物質を多用すると耐性菌ばかりが増えるという人間にとっては大変困った状況になります。プラスミドの中に複数の抗生物質に耐性の遺伝子が入ることもあり、こうなると多剤耐性といって、どんな抗生物質も効かない細菌ができてしまいます。

トランスポゾンと呼ばれる、一つのゲノムの中での場所を移動するＤＮＡ断片も耐性菌が広がる理由の一つです。抗生物質バンコマイシンは、院内感染を引き起こす耐性菌に対する特効薬として開発されました。しかし、使われ始めてから十五年ほどたったところで、これにも耐性菌が出現しました。バンコマイシンが合成阻害できる細胞壁の代わりに、別の合成経路で新たな細胞壁を作る七個の遺伝子が「たまたま」同じひとつながりのトランスポゾンに存在することになったのです。

通常の変異では、一つの細胞の中で七個の遺伝子が変わるなどということは確率的にありえません

自分で動くDNA配列［トランスポゾン］

トランスポゾン transposon
DNA上のある部位からある部位へ移動可能な、決まった構造を持つDNAの単位。転移因子とも呼ばれる。DNA配列そのものが動くのではなく、RNAに転写された配列が再びDNAに「逆転写」されることで移動するレトロポゾン retroposon と呼ばれる因子もある。

が、トランスポゾンではこんなことが起きるのです。このトランスポゾンが生じるまでには時間がかかりましたが、伝播するのはあっという間に違いありません。

このようなわけで、抗生物質の濫用は逆に治癒困難な感染症の流行を起こす危険をはらんでおり、慎重な処方が必要です。微生物も一つの生きものとして懸命に生きようとしているのであり、環境が変化すればそれに対処します。ですからどうしてもここではイタチごっこが起きるわけです。相手も生きものということを忘れないことです。

微生物の狩人から始まった医療の科学技術化は、感染症を引き起こすのが原核生物であり、真核生物とは異なる性質を持つことを利用して有効な治療法を見いだしました。原因がわからずむやみに恐れたり、祈禱などで病魔を追い出そうとしていた頃のことを考えると、因果関係を明確にする「科学」の勝利といってよい成果です。ところが生物学がさらに進み、一方で治療の結末が明らかになってみると、結局感染症を起こす原核生物もまた三十八億年の歴史をひたすら生きぬいてきた手強《てごわ》い相手であるということが浮き彫りになってきたのです。

免疫と感染症

生きていることをよく見る医療の必要性は、こんなところにも見えてきます。

抗生物質が他の生きものが作った物質を利用する治療であるのに対し、人間の持つ免疫（適応免疫）の仕組みを最大限に発揮しようとするのがワクチンの利用です。

ワクチンを医療に用いた最初は、今から二百十年前のジェンナーで、その方法を一般化したのがその九十年後のパスツールであることはすでに紹介しました。パスツールと同じ頃、北里柴三郎は、破傷風に対して免疫を持たせた動物の血液には破傷風菌の毒素を中和する性質が存在することを発見しました。血清療法の始まりであるとともに、「免疫」という現象の実体が血液の成分にあることを見抜いた非常に重要な発見です。

自然免疫の担当者はマクロファージでしたが、ワクチンが活用されるのは適応免疫であり、その実体はリンパ球であるB細胞とT細胞です。どちらも他の血球細胞と同様に骨髄で生まれますが、T細胞は胸腺（Thymus）で成熟し、その間に自己と非自己抗原の区別をし、適切な免疫応答ができるかどうかの選別を経て分化したものです（T細胞の名の由来です）。

T細胞にはいくつかの仲間があり、まずはたらくのは他のT細胞やB細胞の機能を統括する役割を持つヘルパーT細胞です。ヘルパーT細胞は、マクロファージが食べた細菌の断片を細胞膜上で受け取り、この抗原を持つ細菌を破壊するようにB細胞（次項参照）を刺激します。またウイルス感染やがん化のために正常な特徴を持たなくなった細胞を認識し、もう一つのT細胞であるキラーT細胞を使ってその細胞のアポトーシス（細胞死）を誘導します（173ページ参照）。つまりヘルパーT細胞は、積極的に他のリンパ細胞とコミュニケーションし、免疫反応がうまくはたらくように統括しているのです。

ここでの細胞同士のコミュニケーションには、T細胞の膜表面に存在するいろいろなタンパク質（受容体）が使われています。

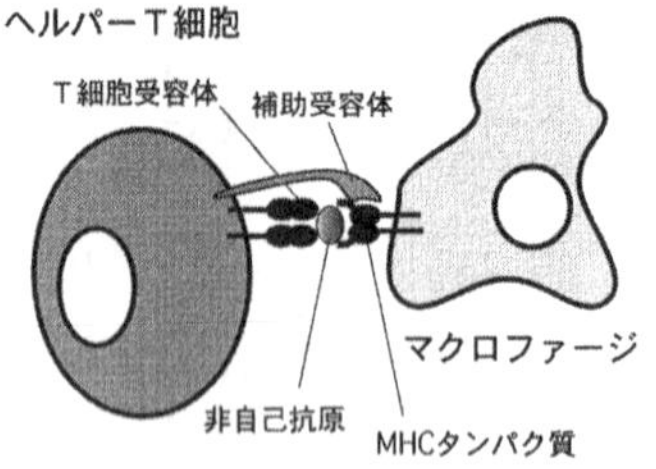

非自己抗原を認識するT細胞

マクロファージが病原体を取り込むとそのタンパク質は分解され、MHCと呼ばれる膜タンパク質によって細胞表面に提示される。T細胞が受容体を介してこの非自己抗原を認識すると、免疫反応が活性化する。なおマクロファージ以外にも樹状細胞、B細胞がこの役割を持ち、抗原提示細胞と呼ばれる。

実はここに、エイズウイルス（エイズＡＩＤＳは、後天性免疫不全症候群 Acquired Immune Deficiency Syndrome の略称。ヒト免疫不全ウイルスHuman Immunodeficiency Virus〔ＨＩＶ〕の感染によって起こる。アフリカの類人猿を宿主としていたＳＩＶ〔サル免疫不全ウイルス〕が種の壁を越えてヒトに感染したのではないかと考えられている）という思いがけない敵が現れました。ウイルス攻撃の司令塔であるT細胞の表面にある補助受容体を目印に感染し、ヘルパーT細胞を集中的に破壊するウイルスです。

この結果、健康なヒトなら免疫で除去されてしまうはずのさまざまな微生物感染により

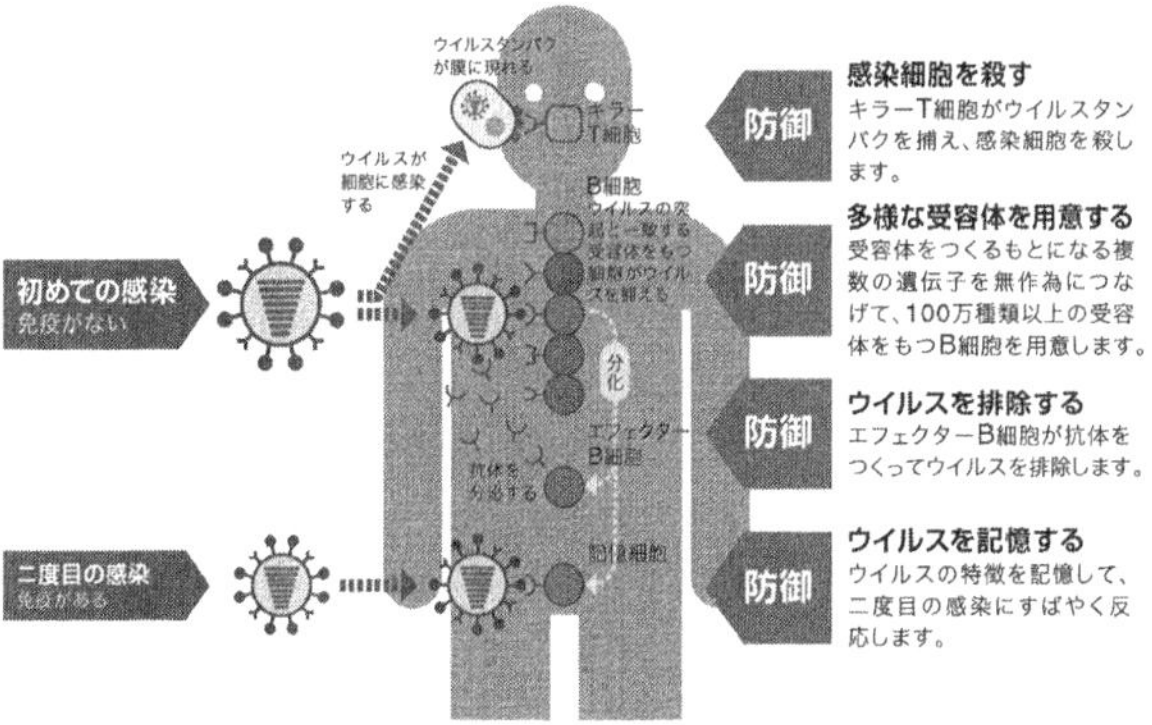
ウイルスタンパクが膜に現れる
キラーT細胞
ウイルスが細胞に感染する
B細胞
初めての感染
免疫がない
分化
エフェクターB細胞
抗体を分泌する
二度目の感染
免疫がある
防御
感染細胞を殺す
キラーT細胞がウイルスタンパクを捕え、感染細胞を殺します。
防御
多様な受容体を用意する
受容体をつくるもとになる複数の遺伝子を無作為につなげて、100万種類以上の受容体をもつB細胞を用意します。
防御
ウイルスを排除する
エフェクターB細胞が抗体をつくってウイルスを排除します。
防御
ウイルスを記憶する
ウイルスの特徴を記憶して、二度目の感染にすばやく反応します。

ウイルス感染に対する免疫細胞の役割分担
T細胞、B細胞の協調により免疫システムが最大限に効果を発揮する。図には示していないが、この統括にヘルパーT細胞が重要な役割を果たしている。

病気となってしまうのです（これを日和見《ひよりみ》感染といいます）。感染に対抗する免疫細胞そのものを標的にするとは、なんと巧みな戦略でしょう。知恵を感じます（そんなことをいっている場合ではないのですが）。

多様な抗体が異物を迎え撃つ

もうひとつのリンパ球であるB細胞の存在は、まずニワトリで確認されました。鳥類の総排泄腔の近くに存在するファブリキウス嚢《のう》(Bursa Fabricci) と呼ばれる器官を除去すると、免疫反応が見られなくなることがわかったのです。その器官で成熟する免疫担当細胞として、B細胞が発見されました。Bはファブリキウス嚢の頭文字であり、ヒトなどにはそれに相当する器官はありませんが、ヒトでも同じはたらきをする細胞をB細胞と呼びます。

B細胞の一つ一つは、その個体にとっての異物を抗原として認識する抗体分子を、一種類作るように特化しています。外部から侵入する異物は数千万とも億ともいわれます。ヒトゲノム上にある遺伝子の指令で作りうるタンパク質（十万種くらい）の何百倍もの種類の抗体分子をB細胞は作っていることになります。実はB細胞が成熟する過程では、私たちの体を作る細胞としては例外的にDNAの組換えが起きて抗体遺伝子に多様性が生じ、細胞ごとに異なる抗体タンパク質が作られるのです。これは、私たちヒト（哺乳類）の持つとても巧みな防御機構です。

B細胞の集団はさまざまな抗体分子を作っていますが、この中には一生使われることのない抗体もあるはずです。しかし、いつ、どんな異物が入り込んでくるのかわからないのですから、それに対処するにはムダとわかっていても用意しておくのが安全です。これが生きもののやり方です。驚くほどの抗体の多様性のおかげで、ヒトはそれまで出会ったことのない病原体にも対処できるのです。

T細胞もB細胞も、一度出会った抗原には、二回目からは最初の時よりもすみやかに反応できます。つまり最初の感染を運良く切り抜けられれば、二回目は助かる可能性がさらに高まるということです。ワクチンはこの免疫の記憶を人工的に作らせる作業で、弱毒化したウイルスや細菌の毒素を健康な体に接種することで、免疫系にあらかじめ病原体の情報を覚え込ませておく予防法です。

一方、血清療法は、他の動物が作った抗体を注射し、緊急の「特効薬」として利用する方法です。猛毒のヘビに噛まれた時など、自分の免疫系がはたらき始めるのを待っていられない場合に特に有効です。

感染症はなくすことができるか

ワクチンの開発により、いくつかのウイルス感染症が撲滅できました。ウイルスは、ゲノムにタンパク質などで作った「殻」をまとったものであり、「着物を着たゲノム」とでもいうべき存在ですから、細菌と違って、細胞に感染することによってしか増殖できません。殻が巧みに細胞表面のタンパク質に取りつき、細胞膜をすり抜けてウイルスゲノムを細胞内に入り込ませるのです。

ウイルスの構造
DNAもしくはRNAをゲノムとして持ち、脂質膜（envelope）やタンパク質の外殻（capsid）で覆われている。

もっともウイルスは、どんな生物の細胞にも感染するというわけではなく、多くの場合宿主細胞は限定されます。たとえば天然痘ウイルスはヒトにしか感染しません。そこで、世界中の人間にワクチンを施すことによって、自然界での天然痘ウイルスの増殖を抑えることができました。WHOによる天然痘撲滅宣言が出されたのが一九八〇年です。もっとも、ワクチン接種をしていない人が増えた今、再び感染の危険を意識しなければならない状態です。油断は禁物。それが自然界です。

一方、「撲滅」が不可能と思われるウイルスは、ヒトと他の動物に共通して感染するウイルスや、ゲノムにDNAではなくRNAを持ち、その進化速度がとても速く免疫系の記憶をすり抜けて感染するものです。たとえばインフルエンザウイルスは、豚や鳥の細胞に複数種のウイルスが感染してウイルスゲノムの組換えや交換を起こし、ヒトに強力に感染するものが現れます。地球規模での流行を心配しなければなりません。毎年、どんなウイルスが現れるかを予測してそれに合ったワクチンを用意しますが、それで全てを抑えられるわけではありません。

ヒトゲノムプロジェクトの結果、私たちのゲノムの中には、過去にウイルスが感染した結果と思われる、ウイルスゲノムの配列があちこちに存在していることが明らかになりました。私たちがこれまでの歴史のなかで、ウイルスの直接の感染を受けたり、ウイルスに感染した生きものたちと関わってきたというなによりの証拠です。

地球上にはさまざまなウイルスが存在しますが、人間にとって困った存在となるのは、感染力は強いが宿主への致死性は弱いか、感染力は弱くても致死性の高いものかの二通りのものです。感染力も致死性も強いものは脅威ですが、ウイルス自身が存続しにくいのです。

天然痘のように、長い間、人間を苦しめてきたウイルスを、ジェンナーの努力以来二百年かけた闘いによって封じこめることができた例がある一方、私たちは今、「新興ウイルス」に悩まされています。ＨＩＶ（エイズウイルス）はその一つです。

本来は感染地域が限られていたウイルスが、開発や人間の移動がさかんになったために地球全体に広まりました。このウイルスは性感染症として感染経路が限られたものとされてきましたが、このウイルスを持つヒトの血液から作られた製剤の投与による感染とい

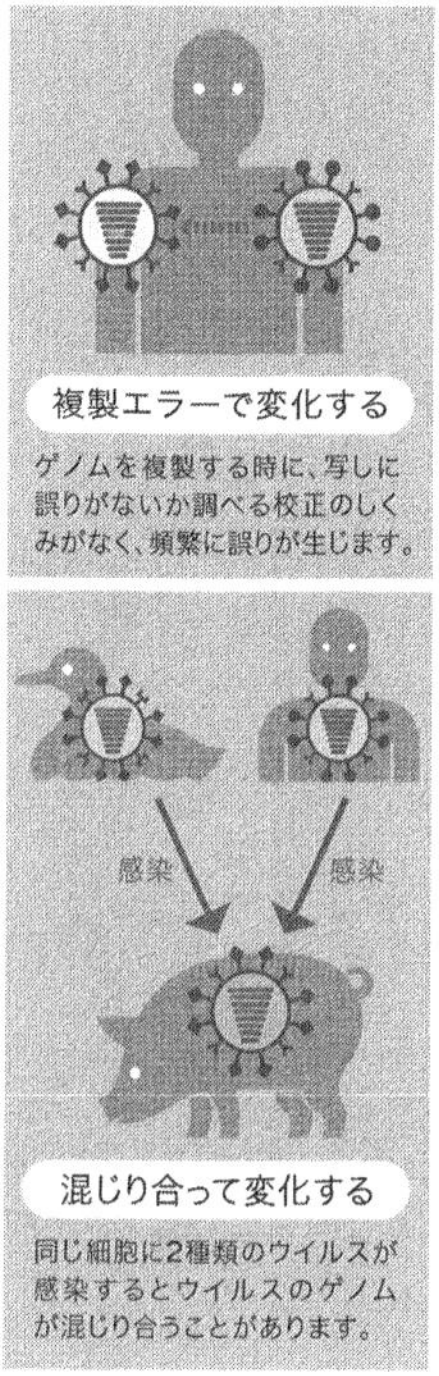

複製エラーで変化する
ゲノムを複製する時に、写しに誤りがないか調べる校正のしくみがなく、頻繁に誤りが生じます。
感染
感染
混じり合って変化する
同じ細胞に2種類のウイルスが感染するとウイルスのゲノムが混じり合うことがあります。

ウイルスの進化

ウイルスは感染した細胞で自分のゲノムを増やすが、その際、頻繁に複製エラーを生じ、哺乳類の遺伝子の数百万倍もの速さで進化するという計算もある。詳しくは、web記事「25年の眠りから覚めたインフルエンザウイルス」を参照。

う、医療が原因の感染が起き、問題になりました。またアフリカなどでは母子感染が悲惨な状況を引き起こしています。

文明が進んだために、新しい感染が起きてくる例として、BSE（牛海綿状脳症。牛の脳がスポンジ状に変性し、歩行困難などの症状を示す中枢神経系の病気。行動異常の姿から以前はmadcow disease〔狂牛病〕と呼ばれた。細胞が作るプリオンタンパク質が異常な形をとって凝集することが原因と考えられており、ヒトのクロイツフェルト・ヤコブ病〔CJD〕、ヒツジのスクレイピーなどとあわせてプリオン病と総称される。異常プリオンは正常プリオンの構造変化を引き起こすため、BSE牛肉によるプリオン病の感染が問題となっている）やトリインフルエンザなど、面倒な課題がたくさんあります。地球上に暮らす多種多様な生きものだけでなく、それに感染するウイルスとも、ともに生きていると実感します。その中での生き方を深く考えなければなりません。

2　病気の内因

新しい病原体の登場の危険を忘れてはいけないとしても、私たちは、公衆衛生、栄養、病原体の同定と治療法の開発によって、外因による病気は難病ではないという状態にできたことはたしかです（もちろんこれは、医療が制度として整備された社会の話であり、世界を見た時、残念ながら人類としては感染症を克服していないことは明らかです）。

そこで少なくとも先進国では病気は克服できたかというと、もう一つのタイプの病気が浮かび上がってきました。内因性、つまり病因が体内にもある病気です。体内にあって病因となる主たるものは、ゲノムのはたらきです。ゲノム自身に変異が起きて大事な物質を作れなくなること、ビタミン不足のように代謝に必要な物質が不足してうまくはたらけないこと、発がん物質のようにゲノムを変化させてしまう物質が関わること……さまざまなものがここには含まれます。病原体の感染で起きる病気以外は全てここに含まれますので、複雑ですが、これを見ていきましょう。

病気の内因の研究は、具体的にはゲノムに存在する二万二千個ほどの遺伝子に注目し、その変異やはたらき方を調べていくのですが、外因と異なり、原因と症状との因果関係を突きとめ、さらにはそこから治療につなげていくまでには長い時間がかかります。また原因となる遺伝子の変異が同じであっても、個人によって症状に大きく差がある場合もあります。ゲノムシステムがうまくはたらかない状態を完治するのは難しく、一生つきあっていく病気となる場合もあります。病気の様子が変わりつつあることを認識し、新しい医療を考えていく時代になったといえます。

2・1 残された難病

現在の日本では、年少者の死因としてがんの占める割合が増えています。がんは一般に高齢者が罹《かか》りやすいものですが、白血病は年少者でも発症するがんです。化学療法と造血幹細胞の移植の開発で治療可能になりましたが、二〇〇五年に歌手の本田美奈子さんが若くして亡くなりましたし、また文学に登場する「病気」も、かつての結核が白血病に変わり、若い生命を奪う病気として関心を持たれています。

白血病は、治癒率は上がってはいますが、小児の病死因の第一位である悪性腫瘍の四〇%以上を占めます（厚生労働省　平成十七年人口動態統計より）。小児がんは、成長期に分化・成熟する体細胞ががん化してしまったために起きるものであり、内因の病気の典型といえます。

内因の病気は外因の病気とどのような点が違うのでしょうか。まず、科学技術化した医療がどのように「内因」を認識し、対処しようとしていったかの歴史をたどることから始めます。

脚気とビタミン

古代から、人間の性質が体液によって決められているのではないかという考え方は根強くありました。英語のhumourという単語が、人間味あるおかしさ（ユーモア）を表すと同時に、気質を、さらには体内の液性のもの（血液や胆汁）をさすのはその歴史を示しています。医学では、人体の構造を知る解剖学と、人体がどのような法則性を持って機能しているかを探る生理学とが人間を知るための二大学問であり、生理学はまさに体質、気質を知ろうとしていたのです。

ところが前述したように、十九世紀末から二十世紀初めにかけて、病原体が次々と突きとめられ、まだ原因がわからないものもいずれは病原菌が見つかるだろうという考えが支配的になり、病気と人間の機能とのつながりを探ろうという努力は、一時期、下火になりました。

これに転機をもたらしたのが、この頃成立したばかりの日本海軍の船員を襲った脚気《かっけ》です。彼らは良い衛生状態と高級な米に恵まれていたにもかかわらず、航海の途上で次々と衰弱し肝臓や心臓の異常を訴えました。イギリスで医学を学んでいた海軍医の高木兼寛《かねひろ》

(のち海軍軍医総監。東京慈恵会医科大学の創始者)は、日本海軍がイギリス海軍をモデルに発足したのに、食事だけは日本式のままであることに注目しました。そしてパン食や玄米食で脚気患者が出なくなることを突きとめ、脚気には食事療法が効果的だと発表したのです。

ところが、当時の医学の主流は病原体探しでしたから、脚気菌が原因の伝染病であるという説も根強くありました。北里柴三郎が脚気菌の存在を否定しましたが、原因はあいかわらず不明であったため、陸軍医の森林太郎(鷗外。のち陸軍軍医総監。文学者)らドイツ医学を信奉し、病原体の存在を主張する医学者と長い論争が起こりました。

さまざまな病気には経験的な対処法があるものです。脚気が玄米食で治ったように、壊血病が果汁の摂取により、くる病が肝油によって治ることは、臨床的には明らかでした。ここで効果を出しているものは何か。病因探索の気運の高まるなかで、効果のあるとされる食品に含まれている成分の探索が進みました。そこで、日本の農学者や欧米の生化学者が突きとめたのは、自然の食品には糖分やタンパク質や脂肪やミネラル以外に、人間が生きていくために必要な分子が含まれているという思いがけない事実でした。こうして発見されたのがビタミンです。

そして、玄米にはビタミンB、果汁にはビタミンC、肝油にはビタミンDが多量に含まれていることがわかりました。ちなみに「ビタ(vita)」とは「生命」を意味する言葉で、当時の生化学者がとても興奮してこの名前を付けたのだろうと想像できます。そして、これまで未解決だった病気の原因を未知のビタミン欠乏症と考え、微生物の狩人はビタミンハンターになっていったのです。

ビタミンハンターたちはビタミンを次々に同定し、その化学的な性質を明らかにしていきました。ビタミンのはたらきは、生化学の大きなテーマである代謝と深く結びつきました。細胞がエネルギーを得るための呼吸反応などで、酵素の機能がビタミンに依存していることがわかってきたのです。

ビタミンの発見が頭打ちになると、ビタミンハンターは次は酵素ハンターとなり、生命現象に関わるさまざまな酵素を追い求めました。その成果は第一章で取り上げた先天性代謝異常の研究とも結びつき、細胞が生きているという基本を知る生物学（生化学）と、人間の病気を見る医学の垣根がどんどん低くなっていったのです。

こうして生物学と医学が融合しながら、病気の概念を変えていくことになりました。す

ビタミンハンターから酵素ハンターへ

web記事「酵素に恋して」では、ビタミンハンターとしての研究にはじまり、その後、酵素ハンターとなってDNA合成酵素を発見し、ノーベル賞を受賞した研究者の半生記が読めます。

なわち、細胞に備わっている生きる仕組みの異常としての病気があるということがわかってきたのです。

ゲノムのはたらきを見る必要が出てきた

ビタミン欠乏症の多くは、足りなかった成分を食物に補給する（あるいは過剰な加工によって本来食物に入っているビタミンを壊さない）ことで解決しました。原因の究明に先立ち、患者の生活環境をよく調べるところから治療法を見つけようとした高木のような、現場を生かす優秀な医師の存在は注目に値します。

ビタミンの発見は彼らの治療法に根拠を与えただけでなく、原因がはっきりしないまま感染症として隔離されていた患者の差別的扱いを改めさせました。ビタミンB欠乏症であるペラグラ患者は神経性の症状が出るため、長い間、精神病院に隔離されていたのです。

こうして、外から病原体が感染するのではなく、体内の代謝異常が原因の病気が浮かび上がってきました。もちろんここには外から取り入れる食物が関連しています。これは、健康であるとはどういうことか、健康であるにはどうすればよいかという方向に人々の関心を向けた大きな出来事といってよいでしょう。

最近になってここにゲノムが登場します。ゲノムがはたらいて健康を維持している、そしてゲノムの変異やそのはたらきがうまく進まないために、体の維持ができなくなることも病気の原因となるということに目が向きます。ビタミンは外から摂りますが、酵素はゲノムのはたらきで作られるタンパク質です。この場合、ゲノムに病気の「原因」があるわけですから、まさしく内因です。

本来、体を維持するためにはたらいている遺伝子やその産物、さらにはそれらが作る細胞がうまくはたらかないのですから、生きている状態の全てをよく知らなければ故障の原因も様子もわかりません。医療は病気を見るのではなく、病気である人を見なければいけないとは昔からいわれてきたことですが、まさにその通りです。生きていることそのものを見つめなければ病気に向き合えないのです。

内因性の病気について試みられている治療の例——白血病

先に小児の難病の一例として白血病を取り上げました。ここでは白血病と、日本で最初に遺伝子治療が行われたＡＤＡ欠損症を例として、現代の難病治療の特徴を見ていきましょう。

白血病とは、白血球のもとになる造血幹細胞ががん化した病気です（まれに、赤血球や血小板もがん化することがあります）。つまり、造血幹細胞が分化・成熟する過程が妨げられ、リンパ球などが未分化のまま無制限に増殖してしまうのです。

がんは通常、中高年以上で多く見られるのに対し、白血病は子どもから老人にいたるまでどの年齢でも発症します（人口十万人あたりのがん死亡率を見ると、十代までは他のがんの死亡率は〇・一以下であるのに対し、白血病は一・〇前後である。白血病が他のがんの死因を上回る傾向は二十代後半まで続く〔平成十五年人口動態統計より〕）。とくに、リンパ球の幹細胞が急速にがん化する急性リンパ性白血病は子どもの発症が成人の四倍にもなります。

白血病の多くは、原因がほとんどわかっていません。血球の分化と増殖のバランスを担う遺伝子に変異が起こったためと思われますが、遺伝性（家族性）のものはまれで、頻度は少ないものの誰もがかかるかもしれない病気といえます。

急性白血病は、発症から数ヵ月以内に死亡することの多い難病でしたが、現在では、未分化細胞を破壊する抗がん剤の開発が進み、小児で八割、成人で四割近くが治癒するようになりました（子どもの治癒率が成人より高い理由はよくわかっていません）。

がん化した細胞が薬でほぼいなくなり、正常細胞の数が増え、機能が回復するのです。ただし、がん化細胞が全滅するわけではないので、再びがん細胞が増殖し、再発することがあります。化学療法や放射線によるがん細胞の破壊以外に骨髄移植が有効ですが、細胞の表面にあって細胞同士の拒絶反応に関わる組織適合抗原（ＨＬＡ〔Human Leukocyte

Antigen〕といい、ヒトの持つMHC分子〔112ページ〕の名称。ヒト白血球抗原として発見されたためこの略称が使われているが、実際にはほとんど全ての細胞でこの抗原が発現している。抗原を作る遺伝子には多くの対立遺伝子が存在するため、他人同士の抗原が偶然一致する確率は低い）の型が同一でなければ移植はできません（日本人の集団の場合、一万人に一人の確率で適合するといわれます）。

白血病は最も多くの治療法が試みられている悪性腫瘍です。一つ幸いなことは、造血細胞の場合、患者の骨髄から細胞を体外に取り出してさまざまな治療の効果を試すことができるということです。また、骨髄バンクなどの制度の普及も助けになっています。しかし、治癒率で見たように、残念ながら必ず治る病気ではありません。このように、難病とは、まったく治らない病気ではなく、「治りうる」のにまだ治らない病気なのです。

医療の科学技術化は、さまざまな難病を「治りうる」から「治る」へ転換させることを期待させます。しかし、白血病という、悪性腫瘍の中ではとくに細胞が扱いやすい例で見ても、完全に「治る」へ持っていくのはとても難しいと実感させられます。〝生きている〟とはどういうことかをよりよく知ることが必要であり、基礎研究が重要です。ただ医療は、技術だけで成り立っているわけではありません。白血病の再発を抑えながら人生を過ごす人をどう支援するかも、医療にとっては大事なことです。病気を、科学技術の対象としてだけで捉えないということを、ここで再確認したいと思います。

内因性の病気と遺伝子治療——ＡＤＡ欠損症

もう一つ、免疫細胞で重要なはたらきをするアデノシンデアミナーゼ（ＡＤＡ）という酵素ができないため、免疫不全症状を示す、ＡＤＡ欠損症という病気をとりあげます。従来はリンパ球を入れ替える骨髄移植の治療法しかありませんでしたが、この病気はＡＤＡを作るたった一つの遺伝子の欠損で起こるので、ＡＤＡ遺伝子さえ正常な状態に戻せば「内因」は取り除かれると考えられました。

そこで、世界初の遺伝子治療が一九九〇年にアメリカで行われ、日本では一九九五年に北海道大学医学部付属病院で五歳の男の子に同じ治療が試みられました。男の子の血液からリンパ球を取り出し、試験管の中で細胞にＡＤＡ遺伝子を含むＤＮＡ断片を導入し、男の子の体に戻したのです。遺伝子治療を、ＡＤＡ酵素を直接投与するなど複数の療法と併用しながら進められた結果、無菌室を出て普通に小学校に通うまでに回復しました。その後、ＡＤＡ欠損症以外にも、主にがんを対象とした遺伝子治療が試みられていますが、残念ながら症状が改善された例は少数です。

このように、多くの内因性の病気はまだ効果的な治療法が見つかっていません。たとえ原因が一つの遺伝子の欠損であるとわかっても、現在の技術では効率よく特定の細胞にDNAを入れることが難しいので、直接の治療はできないというのが現状です。

ADA欠損症で遺伝子治療が試みられたのは、リンパ球が体外でも体内と同じように生育・増殖できる細胞だったからであり、体内にある特定の細胞を狙わなければならない遺伝子疾患には応用できません。原因となる遺伝子変異がゲノムのどこにあるのかわからなかったり、原因となる変異がゲノムの複数の場所にあったりすれば、治療はさらに難しくなります。特に後者の場合、「何かが欠けている」というよりも、生きていることを支えるシステムに破綻が生じていると考えたほうがよく、そのシステムをもう一度うまくはたらく状態にしなければなりません。そのために、〝生きている〟とは何かを知る必要があるのです。

2・2 環境と内因

育つ過程で問題となる病気について、外因と内因の二つの観点から考えてきました。病気の原因をこの二つに分けて捉えることで、これまで医療がどのように病気と闘ってきたか、今後、残された難病をどのように考えていけばよいのかなど医療のあり方を整理して考えるためです。

ただし最初に述べたように、外因と内因の区別はあくまで便宜的なものであり、内因性の病気であっても、環境要因がその症状に大きく関わります。

単一因子と環境要因

単一遺伝子の病気としてADA欠損症とその遺伝子治療の例を挙げました。実は、単一遺伝子の欠損による代謝系の病気には、すでに十分治療可能な例もあります。先天性代謝疾患の一つ、フェニルケトン尿症がその例です。この病気は、食物として摂取するアミノ酸の一つフェニルアラニンを分解する酵素を欠くために、その中間産物が脳の発育に害を及ぼす病気です（なお蓄積したフェニルアラニンは、尿中にフェニルケトンとして排泄されます）。

フェニルアラニンの蓄積は発達障害や知能障害を起こしますが、出生後早期にフェニルアラニンの摂取量を最低限にした食事療法を行えば、脳を正常に発育させることができます。日本では新生児の時に尿症の有無を調べる（スクリーニング）ことが推奨され、普及し効果を上げています。

しかし、アメリカで一九六〇年代にこのスクリーニングが強制的に実施された際には、食事療法やカウンセリングの実体が伴わず、患者児童や家族への差別が生じました。知識があっても医療システムが整わなければ知識は生かされないことを痛感させる教訓です。

もう一つ、内因と環境要因の大事な関わりを示す例として、赤血球の中で酸素を運ぶヘモグロビンに起こる「異常」を見ます。

ヘモグロビンを構成するアミノ酸が一つ変化しているためにタンパク質の構造が変わって、酸素を運ぶ性能が低下し、赤血球が円盤状ではなく鎌のような形になる鎌形赤血球症という遺伝病があります。黒色人種に多く見られる貧血症で、両親からもらうヘモグロビンの遺伝子のいずれもが変異型であると、貧血が重篤となり長くは生きられませんが、どちらか一つの遺伝子が正常であれば生命に関わることはありません。

子どもの頃に亡くなる可能性が高い病気が集団に存在することは一見不思議ですが、実はこの変異遺伝子を持つ人はマラリアの流行地でたくさん見つかります。マラリアは、マラリア蚊に刺されることが原因で感染する病気で、蚊が媒介するマラリア原虫が赤血球に感染するために起こります。鎌形赤血球は、このマラリア原虫に抵抗性を示すことがわかりました。つまり変異型遺伝子は、マラリアの流行地では感染症を予防する優れた性質なのです。

変異型遺伝子と正常遺伝子とを持つことは、マラリアの流行地で生きる人間にとってはプラスの意味を持つのです。環境と病気の関係を考えさせる例です。

アレルギーと環境

免疫反応は感染症にたいして人体が備えている防御反応ですが、このシステムが誤作動を起こし、「特に害のなさそうにみえる」外来物質に対して過剰に反応する「アレルギー」や、自分の体が作る物質にまで免疫反応を起こす「自己免疫疾患」といった病気を引き起こす場合があります。ここでは、多くの人が悩むアレルギーを見ていきましょう。

リンパ球の一つであるB細胞が作る抗体にはいくつかの種類（クラス）があり、血液中の主要な抗体であるＩｇＧ、唾液などに分泌されるＩｇＡなど役割分担があります。その中に、非常に少量ですがＩｇＥと呼ばれる抗体分子があります。これは血中では好塩基球と呼ばれる白血球の一種と結合し、またその他の組織では肥満細胞と呼ばれるアメーバのような細胞の細胞膜に結合し、抗原が来るのを待ちかまえます。ＩｇＥによる免疫反応は、寄生虫などに対して効果を発揮すると考えられています。

ところが現在、このＩｇＥが活躍するのが、なぜか花粉やダニの破片、食物など、日常生活で普通に接するものなのです。ＩｇＥを通して抗原を捕らえた肥満細胞は、その場所で他の細胞を刺激する物質を放出します。たとえばヒスタミンは、血管を拡張し炎症反応を誘導するため、かゆみなどを引き起こします。また平滑筋を収縮させる物質も放出され、気管でこの反応が起こった場合は喘息《ぜんそく》の発作が起きます。

特にアレルギー反応にかかりやすい場合をアトピーといいます。IgE抗体の作りやすさには個人差がありますし、アトピー性皮膚炎や喘息を調べてみると、IgEだけでなく複数の因子が関係しており、厄介です。アトピーは先進国で多く見られ、経験則としては一般的な感染症が減るとアレルギー患者が多くなるといわれます。

IgEによる免疫システムは、かつては手強い寄生虫への防御の役割をしていましたが、近年その攻撃相手がいなくなったために、よけいなものに反応するようになったとい

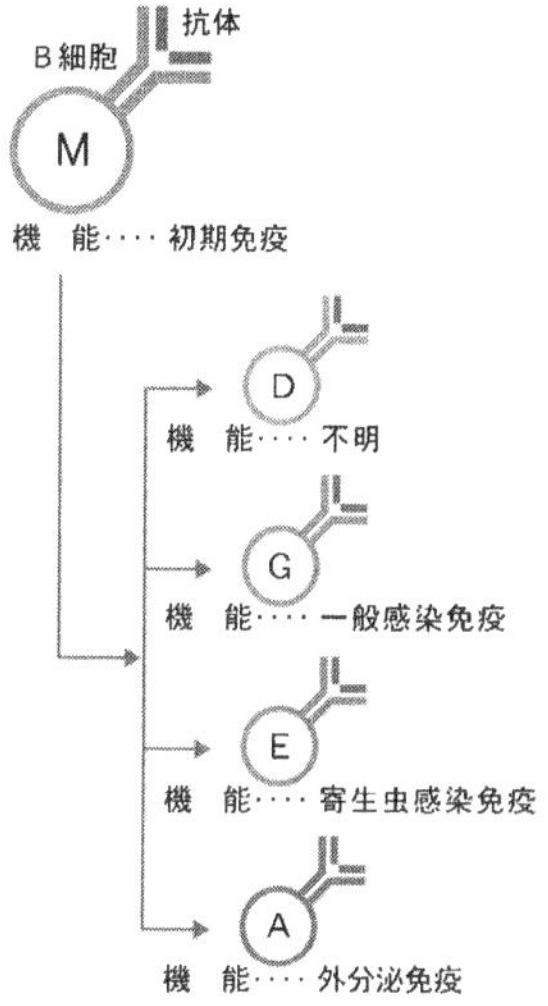

抗体のクラス

抗体は分子の構造により5つのクラスに分けられる。B細胞が最初に作る抗体のクラスは必ずMであるが、抗原の種類に応じて他のクラスの抗体を作るようになる。これをクラススイッチ現象と呼ぶ。

う説があります。また、ＩｇＧなど通常の免疫システムを補強する役割をしていたのに、清潔な環境が実現してしまってＩｇＧの免疫システムが「鍛えられる」ことがなくなったため、ＩｇＥが反応し始めているという説もあります。このようにいくつかの説明は出されていますが、鎌形赤血球症のようにある特定の環境では大いにメリットがあるという証拠はありません。

アレルギーは、ゲノムのはたらきとその意味について私たちがまだ知らないことがたくさんあることを示す例といえるでしょう。ですから、その治療法も、対症療法として炎症を抑えるところにとどめるべきなのか、それともＩｇＥによる免疫系そのものを抑えても問題はないのか、まだわからないのです。

ただ確実なのは、遺伝的な背景だけでは説明がつかないほどアレルギーが増加しているということです。ひょっとすると、人間の暮らす環境が急速に変わっている危険性を、ヒトのゲノムシステムが警告しているのかもしれません。

第三章　暮らす

環境からの影響を受けながら、細胞の中のゲノムがはたらき、育つことによって私たちは成人になります。生きものとしての生殖機能は思春期の頃から備わりますが、社会的に成人と認められるのは、我が国では二十歳。生きものとしても人間としても一人前の存在となります。

かぜやけがで医師の世話になることは減ってくるでしょうが、そのかわりに、毎日の生活がパターン化し、運動不足や、食べ過ぎや、寝不足など、ちょっとした健康状態が気になり始める頃です。育つ過程では、同じ学齢でも、早生まれや遅生まれ、成長のスピードなど「生きもの」としての個人差が多く出ていました。それが大人になって「生きもの」としての成長が一段落してくると、次は「生活習慣」という個人差が目立ってくるのです。

それと同時に、同じような生活をしているはずなのに、肥満になったりならなかったり、病気になったりならなかったりという差も見えてきます。個人の体質といわれるものです。「生活習慣」と「体質」がここでのテーマになります。

1　暮らし（生活）と病気

心臓病、がん、高血圧、糖尿病など、中高年から目立つ病気は、「生活習慣病」と呼ばれることからもわかるように日常生活の仕方によってコントロールできると同時に、「個人の体質」がそのかかりやすさに大きく反映します。内因性なのです。体質の基本であるゲノムを解析し、そこにある遺伝子のはたらきを調べたり、多型（後述）という個人による差を知ったりすることで個人に対応する医療を組み立てようという計画があります。一般的にはこれがオーダーメイド医療と呼ばれ、期待されていますが、ここでは少し違った視点で考えていることは、これまでにも述べてきました。

ゲノム情報を医療に活用することは大事です。しかし「個人のゲノムを見る」ことは、「個人を診る」ことの一部に過ぎないということを頭に置いておかなければなりません（ゲノムの情報にかぎらず、現在の健康診断で検査されるさまざまな数値も同様です）。オーダーメイド医療はあくまでも、「私の一生を見守る」医療の仕組み全体を指し、まさにライフステージの一つ一つを思いきり生きることを支えることだというところから本書は始まりました。基本は日常にあります。「健康な時の私とどこか違うことをわかってくれる」医師がいること。これがオーダーメイド医療の基本です。

1・1　私の体質と私のゲノム

「太りやすい」とか「かぜをひきやすい」など、「体質」を口にすることはよくあります。体質とは何か、ゲノムについての知識を取り入れて考えていきます。

習慣とゲノム――糖尿病を例として

生活習慣病の一つとして最近とくに増えているのが糖尿病です。文字通り尿に糖分が混入する病気ですが、この現象にはどんな意味があるのでしょうか。

私たちの体を構成している細胞は、活動のエネルギーを糖分から得ています。糖分を、呼吸で得た酸素を用いて巧みに燃焼させ、ATP（アデノシン三リン酸）という分子を作ります。この分子はエネルギーを貯蔵する役割を持ち、必要な時に必要なだけ使えるように細胞の中にためておくことができるのです。この方法は、あらゆる生きものがとっている方法です。

糖尿病の場合、これほど重要な役割を持つ糖分を消費することなく体外に排出しているのですから、細胞に一大事が起きているというシグナルに違いありません。

酸素とともに糖分を体中の細胞に届けているのが血液です。体内に入った炭水化物や糖分はブドウ糖に分解されてから腸壁から吸収され、血中をまわり血糖値を上げます。すると、膵臓《すいぞう》がそれを感知して、ホルモンの一つであるインスリンを血中に分泌します。細胞膜に存在するインスリン受容体にインスリンが結合した細胞はブドウ糖が通る穴（トランスポーター）を開いてブドウ糖を細胞内に取り込みます。体中の細胞でこれが行われるので、血糖値は下がり、膵臓はインスリンの分泌をやめるというのが食物を摂った時に起きる一連の反応です。

インスリンは「血糖値を下げるホルモン」といわれますが、「細胞に糖分を与えるホルモン」といったほうがよいでしょう。インスリンとは逆に、肝臓や筋肉などに蓄えられたグリコーゲンをブドウ糖にかえて血糖値を上げるホルモンもいくつかあります（グルカゴン、成長ホルモン、甲状腺ホルモン、副腎皮質ホルモン〔ステロイド〕、副腎髄質ホルモン〔エピネフリン〕など）。これらのホルモンは、空腹時でもエネルギー不足で動けないということのないようにしているのです。

また脳はそのエネルギー源を血液で運ばれるブドウ糖に依存しており、体全体のブドウ糖消費量の実に二割を消費するといわれています。したがって低血糖は脳に深刻なダメージを与えますから、血糖値を上げるホルモンは脳をエネルギー不足から守る重要な役割もしています。

糖尿病は、インスリンが分泌できないか、細胞がインスリンに反応しにくくなったために細胞内に糖が取り込まれないことによって起こります。細胞は栄養不足になるだけでなく、糖分が濃くなった血液を細胞内の水分で薄めようとするために、脱水症状を起こします。糖分を取り込めないために起きるエネルギー不足を解消しようとして脂肪が分解され、その分解産物であるケトンが血中にたまりすぎて昏睡状態におちいり、死亡することも少なくありません。このような場合、インスリンを外部から投与する必要があります。当初、インスリンは大量の家畜の膵臓から抽出されていましたが、現在では組換えDNA技術によりヒトインスリン遺伝子を導入した大腸菌などを用いて、インスリンタンパク質を大量生産できるようになりました。

糖尿病にはいくつかの型があり、なかには自己免疫疾患によりベータ細胞が破壊される一型糖尿病や、常染色体優性遺伝の若年性非肥満型糖尿病など病因がはっきりしているものもあります。

しかし最も患者数が多いのは、原因がはっきりしていない二型糖尿病です。これは、肥満などによってインスリン受容体やトランスポーターの数が減り、肝臓や筋肉の細胞がインスリンに反応しにくくなることと、膵臓のインスリン分泌細胞の機能が低下することとが組み合わさって起こる、慢性的高血糖症の総称です。血流の循環が悪く、この状態が末梢の毛細血管でひどくなるため、目の網膜、腎臓の糸球体の機能低下をもたらす合併症を起こし、失明や、さらにひどくなると四肢の壊死《えし》にもつながります（糖尿病は、成人の失明原因の第一位、透析が必要な原因の第一位となっている）。

世界各地で暮らす人のゲノム解析の結果、日本人は、体質的にインスリン分泌能力が弱く、また基礎代謝に関わる遺伝子もエネルギーを節約するタイプが多く、肥満になりやすいことがわかりました。糖尿病になりやすい体質といってよいでしょう。

このように、糖尿病の引き金になる肥満は、ゲノムのはたらきとも関係することがわかります。とはいえ、大事なのが食生活であることに変わりはありません。消費するエネルギーを越えるエネルギーを食べものとして摂取しないこと。ここに生活習慣が関わるのです。

体質と医療

一卵性双生児が同じ糖尿病にかかる確率が二卵性双生児よりも高いことや、家系内に糖尿病患者がいる場合に他の家族が発症する確率は一般集団よりも数倍高いことから、二型糖尿病であっても、その発症に遺伝子が関わっていることが示唆されています。一方、疫学的な調査からは、食事や運動が発症に関わる要素として挙げられます。

つまり多くの糖尿病は、環境も遺伝も関わる病気であり、さらに遺伝的要素も一つではなく、多数の遺伝子が関わっているのです。このような患者のゲノムを解析して、遺伝的要因の一つがわかっても、それだけが糖尿病の原因とはいえません。

そこで、多因子疾患の場合、原因遺伝子（responsible gene）とは呼ばずに、関連遺伝子（associated gene）あるいは疾患感受性遺伝子（disease susceptibility gene）というあいまいな表現をします。それらの遺伝子の変異がただちに病気につながるわけではなく、あくまでもリスク要因の一つであると見なすわけです。

リスクは、ある病気になる「確率」として統計学的に割り出されるものです。ある遺伝子多型（ゲノムDNAの同じ部位にある塩基配列が個体間で違うことを多型が存在するという。ヒトの血液型にA、B、AB、Oと個人差があるのも、血液型を決める遺伝子に多型が存在するためである。多型には、遺伝子の機能に影響を及ぼすものも及ぼさないものもあるが、どちらもメンデルの法則にしたがって遺伝する）を持つヒト百人の中の、任意の一人がそれに関連する病気にかかる割合を基本にリスクを考えるのです。二型糖尿病の感受性遺伝子候補がいくつか同定されていますが、それぞれの遺伝子多型は発症リスクを一・二倍程度上げるだけの弱い効果しかないとされています。科学は再現性を追究する学問ですから、このような統計的な処理が有効ですし、この数値に意味を持たせます。

一方、私たちは、自分が病気になるかならないかを知りたいのです。糖尿病のような場合、科学はそれに直接は答えられません。「一人の人の一生」を相手にする医療が、科学だけによりかかってはいられない理由のひとつが、まさにここにあります。科学のデータは重要な判断材料を与えはしますが、決定するものではありません。

最近は、病気になるリスクだけでなく、ある薬を投与した時に効果が現れる人と副作用が現れる人がどの程度存在し、それがどのような遺伝子多型と関わるのかを知るという目的でゲノム解析が進められており、たしかにこれは重要なデータです。しかしこの場合も、それで得た情報を、目の前にいる個人に医療として役に立つものにするには、「ヒト」ではなく「これまでの人生を過ごしてきた一人の人間」を見なければなりません。

ゲノム解析データはあくまでも確率なのですから、医療現場でのデータ（カルテなど）とつき合わせなければ意味を持ちません。医師と患者の間にある時間をかけた関係と信頼があってはじめて、確率として出されたデータを有効に使うことができるわけです。

糖尿病の例を見ても、ゲノム情報から個人の体質を知る研究が応用につながるにはまだ時間がかかりそうですし、それはあくまでもデータの一つと考える必要があります。薬のきき方や副作用の個人差については、成果が出はじめており、期待できます。ただ、「あなたに合った薬」が示される場合にも、たとえばその薬を一日三回に分けて飲むのがよいのか、二回がよいのか、その人の生活習慣に合わせた処方など日常への対応との組み合わせが不可欠です（たとえば、登園・登校中に薬を飲むことが難しい子どもや、昼間の食事時間が十分にとれない職場ではたらく人への配慮などさまざまな事例が考えられます）。

ゲノム情報など科学の知識と、その人の暮らし方とをあわせて考える医師が求められるのです。

生活習慣の影響

ここで、私たちの暮らしを支えているはずのヒトゲノムが、なぜ生活習慣病になる危険性を秘めているのかを考えます。

ヒトとチンパンジーは、霊長類という仲間として最近まで（といっても五百万年くらい前までですが）同じ仲間でした。その頃の暮らしは、森の中であり、新鮮な果実や葉を豊富に摂れる生活だったので、他の哺乳類では生存に不可欠とされる遺伝子のうち、霊長類の祖先で不要になり、はたらかなくなるものが出てきました。一つの例がビタミンC合成酵素遺伝子です。ヒトが壊血病というビタミンC欠乏症にかかるのは、霊長類の祖先の暮らしに比べてビタミンCが豊富な果実や葉（野菜）を十分食べていないからです。

また関節などに尿酸の結晶がたまる痛風も、他の多くの生物が持っている尿酸分解酵素が欠失しているために起こる病気です。尿酸は最終産物として尿で体外に排出される物質ですが、体内にはある程度の濃度で必ず存在しています。尿酸もビタミンCも抗酸化作用を持ち、細胞の生存を有利にすると考えられています。しかしエネルギーの多い食事を続けると、必要以上に尿酸がたまり、それが結晶化して痛風になります。これも現代人の食生活のありようが、ヒトという生きものが長い歴史の中で選択してきたゲノムのありようと合っていない例です。

生きもののほとんどは、飢餓状態に強い体を作っており、「運良く」食物にありつけた時に得られたエネルギーを体内にためておくシステムを持っています。ヒトももちろんこのシステムを受け継いでいるわけで、「食べ過ぎ」などヒトゲノムにとっては予想外のこ

霊長類の進化・果実と色覚

web記事「ネアンデルタール人のDNAが語るヒトの進化」、「眼で進化を視る」では、ヒトの分子進化学と、霊長類の進化に深く関わる色覚について解説します。

となのです。肥満や糖尿病はこのようなところから出てくるものです。

「私の体質」はゲノムに基本があり、他の人とのゲノムの差に注目する必要があることは事実ですが、それ以前に、ヒトという生きものとしての私たちが持っているゲノムの性質をよく知り、それがうまく生かされる暮らし方はなにかを考えることが必要です。食べ過ぎないように、運動するようになど、ゲノムからのメッセージはたくさんあります。

1・2 医療の科学技術化とオーダーメイド医療

「育つ」の章では、十九世紀から始まった医療の科学技術化が、感染症治療の向上に大きな役割を果たしたことを見ました。微生物の狩人がビタミンハンターとなり、酵素ハンターとなり、外因から内因へとその対象を変えていったことを思い出してください。

生物学は進歩を続け、二十世紀になると、すべての生物はDNAを基本にしてはたらく細胞からなるという普遍性を理解する生命科学に発展しました。その成果は医学に応用され、今では生物学と医学との境界はほとんどなくなっています。

医療と生物学との協力で立ち向かった難病は、まずがんでした。がんは病気としても、生きものを支える細胞を考えるうえでも大変重要なことですので、次節で大きく取り上げます。がんが難病であることを再認識した研究者は、それに対応するために、一つ一つの遺伝子を対象にするのではなくゲノム全体を調べようという決心をしました。そして、ゲノムからその関連因子を探し当てる「生活習慣病因子の狩人」となったのです。これが生命科学研究から、「オーダーメイド医療」と呼ばれるものが生まれてきた経緯です。

ここでは、医療の科学技術化としてのオーダーメイド医療の歴史を概観したうえで、「真のオーダーメイド医療」とはどのようなものかを考えていきます。

内因とＤＮＡ

病気の内因を探る試みの一つは、ビタミンや酵素を手がかりとして、代謝という生命現象に注目することでした。内因の病気として「尿症」が発見されたのは、病気の人とそうでない人の違いが、尿に含まれる物質を調べることでわかったからです。このおかげで、外から見ただけではわからない、体の中で起こっている生化学的な異常を簡単に知ることができたのです。

内因に迫るもう一つの試みは、「遺伝」と病気の関係を探ることです。メンデルの法則が再発見されたのは一九〇〇年のことですが、その数年後にはアルカプトン尿症（52ページ参照）が劣性遺伝することが報告されています。こうして遺伝子が病気と関わっていることがわかりはじめたのですが、残念ながら長い間、遺伝子の本体がわかりませんでした。アメリカの細菌学者エイブリーが、病原性のない肺炎双球菌に病原性のある菌のＤＮＡを入れると病原性を持つようになるという実験で、ＤＮＡが遺伝子の本体であることを示したのが一九四四年のことです。一九五三年にワトソンとクリックによるＤＮＡ二重らせん構造が示されて以降は、細胞の中でＤＮＡがタンパク質を作る仕組みがわかり、遺伝子研究は急速に進みました。この分野は分子生物学と呼ばれ、医学にとってもこの分野の研究は不可欠な知識になっています。

一九七〇年代には組換えＤＮＡ技術が開発され、望みの遺伝子を取り出して増やすことができるようになりました。この技術を用いてヒトのインスリン遺伝子を大腸菌に入れ、大腸菌を増殖させて大量のインスリンを製造させ、薬として用いることができるようになった時には、研究者も医療関係者も全く新しい薬品の開発法として注目しました。その後、成長ホルモンなども同じようにして生産されることになりましたが、残念ながらこの方法で生産できる薬はそれほど多くはありません。

遺伝子の狩人からゲノムプロジェクトへ

ＤＮＡの研究が進むにつれて、病気の原因として遺伝子の変化を追う研究が出てきました。それには大きく二つの流れがありました。一つは遺伝病の研究、もう一つががん研究です。

遺伝病研究で有名な研究機関として、米国ユタ州ソルトレーク市にあるユタ大学があります。ここにはモルモン教という独自の宗教に従って、ある限られた血縁者間で結婚する人々が住んでおり、ここで行われた家系研究は病気の遺伝についての貴重な資料を提供しました。家系のはっきりした限られた人のＤＮＡを解析することによって、病気の遺伝子を探せるからです。

こうして、筋ジストロフィー（muscular dystrophy　筋肉が萎縮し、歩行能力などを失っていく病気）や嚢胞性線維症（cystic fibrosis　膵臓、気管、消化管などの外分泌腺に異常が起こる病気。白色人種に多く、常染色体劣性遺伝として伝わる）などの難病の原因となる遺伝子変異が特定され、発症のメカニズムの解明につながりました。遺伝病の原因究明はこのようにして進められることがわかったのです。

一方、生活習慣病のようなより一般的な病気にも遺伝子が関係していることがわかっていたので、それを効率よく探そうという動きが出てきました。そのなかで登場したのが、ヒトゲノム解析プロジェクトです。中心になったのはがんです。

がんの生物医学研究の推進は、一九七一年のクリスマス直前にアメリカで発表された

National Cancer Act に始まりました。ケネディ大統領が進めたアポロ計画の後、ニクソン大統領が、アメリカの科学政策を保健医療に関わる生物医学研究重視に大きく転換させたのです（日本でも一九八四年に対がん十ヵ年総合戦略が始まりました）。がんウイルスの研究に始まり、七〇年代に大きく進展した遺伝子組換え技術をフルに活用し、莫大な予算と人員を投入したがん遺伝子（163ページ参照）の探索が強力に進められました。

最初にがん遺伝子が発見されたときは世界中に興奮が走りました。これでがんの原因がわかり、治療ができると。しかし研究が進むと、がんの発症に関わる遺伝子が次々と見つかり、がんはとても多様な病気であることがわかってきたのです。しかもがん遺伝子狩りはどこまでいけば終わるのか、だれにもわからなくなってきました。

そのとき、がんプロジェクトのリーダーであったアメリカの分子生物学者ダルベッコが、「ただがんの遺伝子を探すのではなく、ゲノム配列を全て明らかにしてからがんに関わる遺伝子の研究を進めるのがよい」という提案をしました。

当時はまだ数千塩基対程度のウイルスゲノムがようやく解読できたという時代でしたから、その百万倍の三十二億塩基対が並ぶヒトゲノムを丸ごと相手にするというのは、とほうもない考えでした。しかしこの提案の先見性に気づいた生物学者は、ゲノムプロジェクトがんや他の病気の研究だけでなく、ヒトという生きものを知るために意味があると考え、各国の政府にはたらきかけて国際的なプロジェクトが始まったのです。

プロジェクトとは、最終目的がはっきりしている計画です。アポロ・プロジェクトの目的は「アメリカ人を月面に立たせ、帰還させる」ことであり、それは見事に成し遂げられました。ですから科学には、本来、プロジェクト研究はなじみません。しかし、ゲノムDNAの塩基配列は有限であり、それを全て決定するということは生物学的に意味のあるゴールです。こうして生物学ではじめてのプロジェクト研究が始まりました。

塩基配列の解析技術とデータ処理をするコンピュータ技術の発展によって計画は予定より大幅に速く進み、ヒトゲノムの塩基配列情報が実用的なレベルでほぼ解読できたのは、奇《く》しくもDNAの二重らせん構造の解明から五十年後の二〇〇三年でした。いろいろなメディアでニュースとして取り上げられたのを記憶している方も多いでしょう。ゲノムプロジェクトによってヒトの持つ遺伝子数がほぼ二万二千とわかり、これだけの数の遺伝子の機能を見ていくことで、ヒトの体のはたらきを知ろうという研究が進んでいます。

ゲノムプロジェクトから多型の探査へ

この成果を病気の診断や治療にどうつなげるかですが、一つは、この中から病因となる遺伝子を探すことです。これについてはとくにがん、糖尿病、高血圧、アルツハイマー病

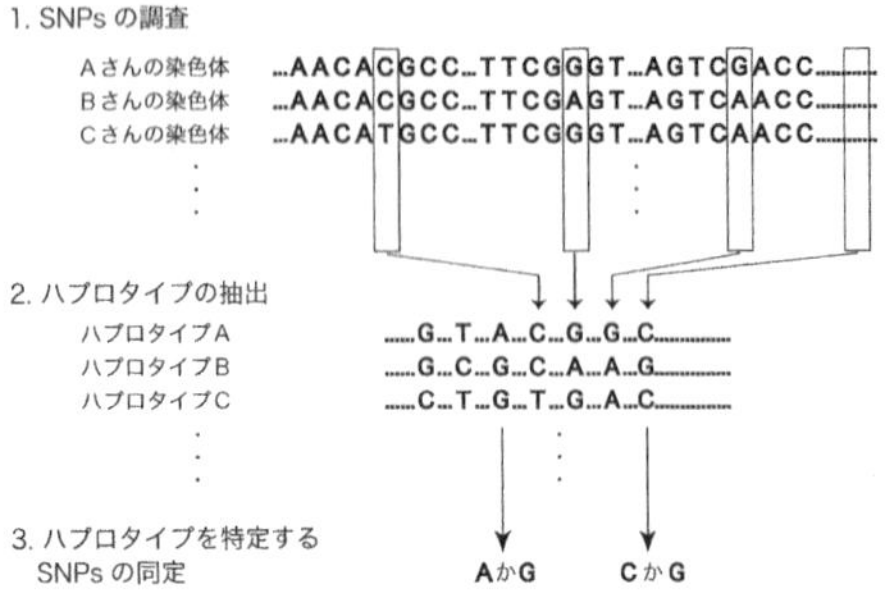
1. SNPs の調査
Aさんの染色体 ...AACACGCC...TTCGGGT...AGTCGACC...
Bさんの染色体 ...AACACGCC...TTCGAGT...AGTCAACC...
Cさんの染色体 ...AACATGCC...TTCGGGT...AGTCAACC...
2. ハプロタイプの抽出
ハプロタイプA ...G...T...A...C...G...G...C...
ハプロタイプB ...G...C...G...C...A...A...G...
ハプロタイプC ...C...T...G...T...G...A...C...
3. ハプロタイプを特定する SNPs の同定
AかG
CかG

HapMapの作成方法

1）複数の集団から１塩基多型（SNPs、□で囲んだ部分）を調査する。2）隣り合うSNPsのパターン（ハプロタイプ）を抽出する。3）特定のハプロタイプを代表するSNPsの組み合わせを見つける。図の例では、調べたい患者の２ヵ所のSNPsを判定するだけで、その人がどのハプロタイプを持っているかを知ることができる（他のSNPsの情報も得られる）。(http://www.hapmap.org/のwebページを元に作成)

などでの研究が進められています。糖尿病を例に挙げて述べたような状況で、難問を抱えてはいますが。

その中で、国際共同研究として、新たなプロジェクトが始まりました。HapMap（ハップマップ）プロジェクトと呼ばれ、個人間、集団間でゲノムのどの場所にどれくらいの多型が存在しているかを調べる計画です。

ゲノムの多型というと個人間で見られる一塩基の違い（SNPs＝スニップスと呼びます）が有名ですが、それを一つずつ調べるよりも、一本の染色体のある範囲での塩基のならびの個人ごとの違いに注目し、そこにどのようなパターンがあるか、その多型を調べるほうが簡単で、情報としても有用だという考え方が出てきました。このパターンをハプロタイプと呼び、その地図、つまりHapMapづくりが行われています。

ヒトは、アフリカを起源とするきわめて少数の集団が短い期間（十万年ほどの間）に世界中に分布したので、個体数は六十億と多くてもゲノムは共通部分が多く、多型もかなり共有しています。そこでＨａｐＭａｐプロジェクトでは、世界の二百七十八人（そのうち日本人は四十五人）のゲノムを調べて、比べています。これでだいたいヒトゲノムがどの程度の多型を含んでいるかがわかるのです。

ハプロタイプ研究の目的は何か、国際共同研究を紹介するｗｅｂ（国際ＨａｐＭａｐ計画のｗｅｂより。http://www.hapmap.org/healthbenefit.html.ja）から引用します。

「ハップマップ計画では個々の疾患関連遺伝子を探索することはしない。ある病気を持った人のハプロタイプとそうでない人のハプロタイプを比べ、もし病気の人たちが特定のハプロタイプを持つ率が有意に高ければ、そのハプロタイプを含む領域か、あるいは近傍に疾患関連遺伝子があると予想できる」

「生活習慣病にかかるリスクは、集団に共通してみられる遺伝子変異の影響を受けているという仮説がある。この仮説を一般化するデータはまだ十分ではないが、自己免疫疾患、統合失調症、糖尿病、ぜんそく、脳卒中、心臓病など、生活習慣病に関わる遺伝子変異は数多く見つかっている。ハップマップを用いれば、このような病気と遺伝子との関係について多くのことが分かるだろう」
「いわゆるオーダーメイド医療、つまり個人の遺伝子構成に基づいて、効果を最大に、副作用を最小にする医療が可能になるかもしれない。もし、生存率や病気への抵抗力に寄与する遺伝子変異が見つかれば、多くの人に利益をもたらす医療につながるだろう。新しい知識とは常にそういうものなのだが、ハップマップも新しい挑戦であり、予想外の成果につながるかもしれない」

このプロジェクトは、「生活習慣病因子の狩人」に役立つものとして始められたものであり、生活習慣病の関連因子の発見は加速するでしょうし、病気に関する知識は増すに違いありません。しかし人々の関心が高い「ゲノム情報をもとにしたオーダーメイド医療」の実現については、ここに引用した記述は、専門家も、先は長いと認識し、何がわかるかわからないところもあるという状態にあることを示しています。

これが、ゲノム研究者が正直に語る「ゲノムと医療」の関係です。ゲノムプロジェクトやハップマッププロジェクトは、病原体や代謝異常を見つけていた時のように、病気の原因究明と治療とが直結した研究ではありません。ゲノムの個人差を知ることは、これまで体質と呼んできたものの実態を知ることにつながります。しかしそれは総合的なものであり、ただちに夢の治療法につながるかどうか、そのためにはどのような作業が必要かは、まだはっきりしていないというのが現状です。

もちろんゲノムプロジェクトやハップマッププロジェクトは、生命科学としても、医学としても重要な研究です。しかしこれを医療として意味のある形にするには、研究と医療の現場をつなぐ努力が不可欠です。そこでは、医療の本質を考え、患者に対してのよい医療とは何かを考える一方、ゲノム研究にも関心を持つ医師が重要な役割を担います。本書はそのような考え方の基礎となる知識や考え方を示し、研究者、医師、患者が協力する医療システムが生まれるきっかけを作りたいと思っています。

2　がん

がんは中高年を過ぎると発病しやすい病気であり、しかも多種多様なので、ひとくくりに扱うのが難しい病気です。すでに紹介した奇形腫と白血病は悪性腫瘍の一種ですが、症例として全く異なる病気だったことを思い出してください。がんの原因としては、これまでに寄生虫、化学刺激、ウイルスなどあらゆるものが想定され、そのいずれを原因としてもがんの全てを説明できないという経緯を辿ってきました。しかも、そのいずれもがなんらかの形でがんに関わっていることは確かなのです。今ではがんについて考えるには、まずがん関連遺伝子を知る必要があるという共通認識ができていますが、遺伝子とがんの関係もまた多種多様です。そして、上記の寄生虫、化学刺激、ウイルスは、遺伝子に変異を起こすことでがんに関わるのです。がん研究がゲノムプロジェクト開始のきっかけになった理由はここにあります。

病気としてのがんは多種多様でも、細胞のはたらきから考えると共通性が見えてきます。それは、細胞増殖という精緻な仕組みが破綻したために起こった病気ということです。したがってがんの研究は、生きることの基本である「細胞はどのように増えるのか(これは同時に、細胞は必要な時にどのようにして増えるのを止めるかということを含みます)」という問いに答えることでもあります。実は、研究が進むにつれて、私たちの体の細胞は正常とがん化の間を揺らいでおり、感染症と違ってがんを撲滅することはおそらく難しいだろうということがわかりつつあります。

2・1 がんとは何か

がん（自律的な過剰増殖をする細胞の集合を腫瘍と呼ぶ。さらに、周囲組織に転移して破壊するものを悪性腫瘍とし、一般的にがんと称される。医学用語としては、がんは上皮組織の腫瘍をさし、その他の腫瘍（肉腫や白血病）とは区別される）は、多細胞生物を構成する細胞の一つが変化し、異常に増殖するようになる病気です。がん研究者は、がん細胞をどのように除去するか、あるいは増殖を止めるかという治療法の模索と、なぜ細胞が異常になるのかという原因の探求を続けてきました。ここでは、まずがんとはなにか、その多様性と共通性を概観します。

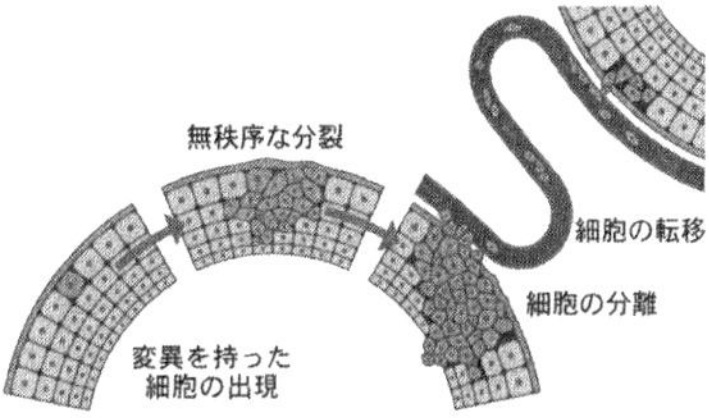
細胞の転移
細胞の分離
無秩序な分裂
変異を持った
細胞の出現

がん細胞の発生

体の組織とがん

がん化した細胞は、細胞分裂の抑制機構を無視して増殖する、元の位置を離れて、他の細胞で占められている場所で増殖する、という二つの性質を持っています。一度獲得されたこの性質は子孫細胞に受け継がれて、がん細胞はどんどん増えていくので、早い段階で取り除かないと根絶は難しくなります。体の各部に転移したがん細胞は、血管を引きつけて成長し、正常な組織の細胞と生存競争を繰り広げ、体の衰弱を招きます。

体を作る細胞は組織別に、上皮、結合、神経、筋肉に分類され、悪性腫瘍の発生のしかたは組織により特徴があります。ヒトで多いのは、消化管（胃など）や呼吸器（肺など）という上皮組織の悪性腫瘍（狭義のがん）です。皮膚がんも発生は多いのですが、外から見て発生がわかるために初期の治療で除去できるのが特徴です。そのほかには造血細胞由来の白血病がありますが、神経や筋肉の悪性腫瘍はあまりありません。

ヒトだけでなく多くの動物でがんが見られます。ネズミやネコのがんを調べたところ、人間ではそれほど多くない白血病の頻度が高いことがわかりました。その原因は、ヒトに比べてこれらの動物では多くの白血病ウイルスが存在するためだと考えられています。

白血病は年齢に関係なく発症しますが（126ページ）、上皮性のがんの発症率は明らかに年齢とともに上昇し、中高年以降に急増します。細胞のがん化には、細胞増殖に関わる複数の遺伝子変異の蓄積が必要であり、一生増え続ける性質を持つ上皮細胞にはその蓄積の機会が多いためでしょう。つまり人間の寿命が延びていることが、上皮性のがんが多く見られる理由と考えてよさそうです。

女性の場合、細胞の増殖がホルモンで調節されている子宮や乳腺などでは、ホルモン分泌が低下する年齢以降、がんの発生が低下することが知られています。

生活とがん

がんは誰もがかかりうる病気ですが、特定の職業従事者に特定のがんが発生しやすいことが古くから知られていました。最近、大きな問題となったアスベストによる中皮腫の発症もそのひとつです。中皮腫は肺がんの中ではまれなもので、アスベスト吸入が第一の病因となると考えられています。職業病としてのがんが最初に問題となったのは、産業革命期のイギリスでした。煙突掃除夫に陰嚢《いんのう》がん、パラフィン工場労働者に皮膚がんが多発し、その対策が議論されました。

工業生産された物質で実験的にがんを生じさせることに最初に成功したのは病理学者の山極勝三郎で、一九一五年のことです。彼はコールタールをウサギの耳に塗り続けるとがんができることを示し、がんが外界の刺激で起きることを実証しました。この研究を受けて、イギリスでコールタール中に含まれる発がん物質が単離されました。

また、国別に特定のがんの発症率が違うことも知られています。これで予想されるのはまず集団間の遺伝的背景の差でしょう。たとえば、日光の強度が同じなら、皮膚の色の差によって皮膚がんの発症率が異なります。皮膚のメラニン色素が紫外線による発がんを防いでいるからです。

一方、このような遺伝的背景だけでは説明のつかないこともあります。アメリカやブラジルに移住した日系人の発症するがんが、移住先の人たちのものに似てきたのです。これは生活環境、主に食生活の変化がもたらしたとされています。

食生活がなぜ特定のがんの発症リスクを変えるのか、いいかえればなぜ特定の細胞をがん化させるのかは明らかではありません。因果関係は不明なものの、一般的な傾向はよく調べられており、大規模な集団を対象とした疫学調査から、肉類・塩分の摂りすぎや飲酒・喫煙などの嗜好品がリスク要因となり、野菜や果物ががんを予防することが報告されています。また、太りすぎてもやせすぎてもがんのリスクは高まる傾向があり、「ほどほど」の体重を保つことも重要とされています。

とにかく、がんという病気は一筋縄では捉えきれません。職業や食生活・嗜好など環境の影響を受けるということは、化学物質がもたらす病気ということですし、ウイルスによって媒介される感染症でもあります。それらの刺激で「がん遺伝子」が活性化して発症する病気なので、体質（ゲノムのはたらき）が関わるというのもその通りです。どれも一面の真実なのです。このようにがんは多様ですが、しかしそこには、がん特有の特徴、つまり共通性があることも確かです。多様性と共通性の両方に目を配り、統一的な理解をするには、細胞の生きる仕組みの研究が必要です。

がんの治療

がん治療には、がん細胞を取り除く外科療法と、がん細胞の増殖・生存を薬品で抑える化学療法、放射線で抑制する放射線療法が用いられ、いずれも急速な進歩をしていますが、いずれもがん細胞を体内から根絶するのは困難です。全身に転移したがんを手術で取り出すのは現実的ではありませんし、がん細胞を殺す処置は多かれ少なかれ正常細胞にもダメージを与え、副作用を起こします。白血病のようにある種の悪性腫瘍に有効な抗がん剤が開発されてはいますが、他のがんに対しては進行を遅らせる以上の効果のある薬がなかなか得られない状態です。

外科療法、化学療法、放射線療法に続いて現在注目されているのが免疫療法です。免疫系が病原体を除去する仕組みについてはすでに紹介しましたが、がん化した細胞は、自分の細胞でありながら「異物」であるとして排除される仕組みがあり、その研究が近年進んでいます。自分の体の能力を用いるという意味で希望の持てる療法です。免疫細胞を活性化する処置や、がん細胞を効率よく攻撃できるように免疫をはたらかせる治療が試験的に行われています。

がん研究者がもう一つ希望を持っているのが、特定のがん患者のがん細胞の特徴を遺伝子レベルで詳しく検査し、その細胞の増殖を止めるにはどの薬を用いるのが最も効果的かを知るという方法です。個人ごとに、がん細胞の弱点を見つけ出してふさわしい投薬を行うという意味で、「がんのテーラーメイド医療」と呼ばれます（テーラーメイド医療には、「オーダーメイド医療」との厳密な区別はないが、個人ごとに全く異なる薬を投与するのではなく、ある程度の投薬パターンを想定し、どのパターンが特定の個人にふさわしいかを遺伝子情報をもとに決定するという意味あいがある）。

がんの治療と予防のための知識はこれからも進歩するでしょうが、がんの特効薬と呼べるものが開発できるかどうかは誰にもわかりません。ただし、それは医療の敗北ではありません。がんがどのように発生するのか、消滅することはあるのか、生活環境や体質によってどのがんにかかりやすかったりかかりにくかったりするのか、これらは〝生きる〟を考えることにつながります。これらの知識がさまざまな形で治療に役立つはずです。

特効薬という形での治療は難しくとも、諦めることはありません。がんとどうつきあえばよいのかを考える必要があり、それは病気と医療の関係、生きものとしての人間を見直す上で意味のあることです。そこからがんを手なずける方法が見えてくるだろうと思います。

2・2　がん遺伝子から考える

がん研究は、細胞はどうやって増えるのかという細胞周期の解明と密接な関係を持っています。生物学者は、多様な細胞が全て同じような仕組みで増えているのか、それとも異なる原理がはたらいているのかを議論してきました。いまでは、ヒトやマウス、ニワトリから酵母菌にいたるまで全ての真核生物に共通する基本的な仕組みの存在が明らかになっています。その増殖の仕組みに変化が起きたのががんであり、その変化の基本には遺伝子の変化があるということがわかりました。そこで、がん遺伝子の探求が始まったのです。ただ、「がん遺伝子」という言葉は大変誤解を生じやすいものです。本書でも便宜上この用語を用いていますが、がんのための遺伝子はありません。がんに関わる遺伝子はいずれも「細胞が正常に増殖するための遺伝子」です。それになんらかの変異が起きた時、細胞はがん化するのです。がん遺伝子の研究から、まさに細胞が生きている姿が見えてくるはずです。

がん遺伝子の発見

　発がん作用を起こす物質の解明が進められていた二十世紀初頭、アメリカの病理学者ラウスが、ニワトリに腫瘍を起こすウイルスを発見しました。農夫が持ち込んできた胸に腫瘍ができたニワトリのがん細胞をすりつぶした濾過液を正常なニワトリに注射したところ、腫瘍ができたのです。濾過液中にはウイルスが存在し、ラウス肉腫ウイルス（RSV）と名づけられました。

　このウイルスはしばらく忘れられていましたが、細胞培養の技術が進み、RSVの感染によって培養細胞をがん化させる（ガラス容器の中での培養細胞は、通常一面に増殖する

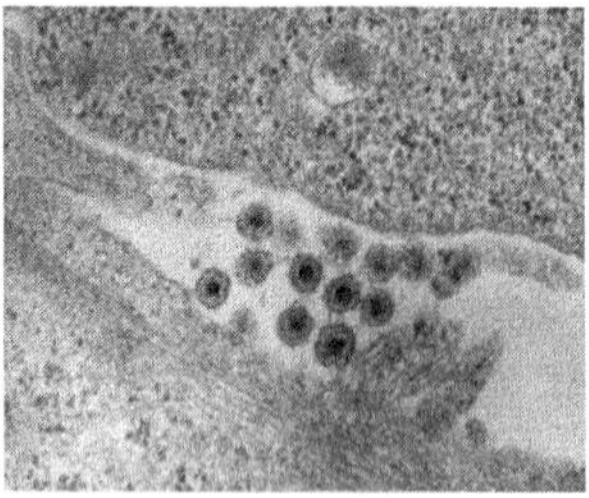

ラウス肉腫ウイルスの電子顕微鏡写真
丸く見えるのがウイルス。細胞（培養細胞）の中に見つからないのは、ウイルスは細胞から出ていく時に、細胞の膜を使って外被膜を作るから。（花房秀三郎博士提供）

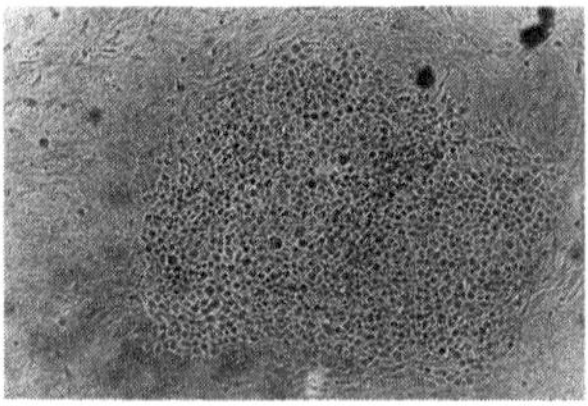

正常細胞のがん化
ラウス肉腫ウイルスが感染したニワトリの培養細胞が増殖し、積み重なったかたまりとなっている。（花房秀三郎博士提供）

とそこで止まるのだが、止まらずに増える）ことができることがわかり、再び注目を集めました。正常細胞のがん化を研究するモデルとなったのです。さらに、ＲＳＶによく似ているけれどもがん化させないウイルスの存在も明らかになりました。この違いは何か、研究は絞られていきました。

ウイルスのゲノムが調べられた結果、がんを起こすウイルスだけに存在する遺伝子が見出されました。ウイルスを感染させなくても、この遺伝子を細胞に導入するとがん化するのです。そこでこれを「がん遺伝子」と名づけました。ところがこの後、とんでもないことがわかりました。遺伝子の由来を調べたところ、ほぼ同じ配列を持つ遺伝子が正常細胞のゲノムに存在していることがわかったのです。

結局、ウイルスのがん遺伝子は、もともと細胞にあったものが取り込まれたものだったのです。ラウス肉腫ウイルスは、感染した細胞に自分のゲノムを入り込ませて、細胞のゲノムと共に自分のコピーを増やし、細胞から出ていくというタイプのウイルスです。ウイルスゲノムが宿主細胞のゲノムから出ていく時に、たまたま近くにあった遺伝子もついでに持っていくことがあります。この遺伝子が世代を経て変異を蓄積し、細胞をがん化する能力を獲得したのです。

こうして、ニワトリのがんウイルスの研究が、正常細胞に「原がん遺伝子」、つまりがん化させる能力を持つように変化することのできる遺伝子があるということを教えてくれました。

ウイルスが運ばなくても、細胞のゲノムに変異が起こり、遺伝子のはたらきを変えてしまえばその細胞はがんになるはずです。がん細胞の中にはがん遺伝子があるはずだという仮説に基づき、がん細胞からDNAを取り出して断片化し、正常に増殖する培養細胞に取り込ませたところ、少数ではありましたが、がん細胞のように増殖を始める細胞が観察されました。こうして見つかったのが、Ras（ラス）という遺伝子です（ヒトのがん遺伝子としてはじめて同定され、それまでにラットで見つかっていたRas〔rat sarcoma〕がん遺伝子と同じであることがわかった）。ヒトのがんの約三割で、Ras遺伝子に変異があることがわかっています。

このようにしてがん遺伝子狩りが始まり、次々とがん遺伝子が発見されました。これは大きな成果ですが、一方でがんの複雑さを知ることにもなり、ゲノムプロジェクトへとつながっていったという経緯はすでに述べました。

真核生物の細胞周期

がん遺伝子が次々と発見されている頃、生物学者の中で長い間の謎であった「細胞はどうして規則正しく分裂するのか」という問題に取り組む人が現れました。細胞の分裂には、ＤＮＡが正確に複製され、細胞を分裂させる細胞骨格が発達し、ＤＮＡがきちんと二つに分配された後、細胞が二つに分かれるという順番でことが正確に進む必要があります。これがどのように統合されているかはまったく謎だったのですが、それへの解答が、地道な二つの研究から出てきました。

一つは、卵の成熟を調べる研究です。卵になるべき卵母細胞は胎児の頃に準備されますが、減数分裂の途中で細胞周期を一旦停止し、その後は時間をかけて成長していきます。そして生殖器官が成熟する時期（ヒトでいうと思春期以降）にホルモンの刺激で分裂を再開し受精に備えた成熟卵となります。

この事実は二十世紀の初めから知られていましたが、卵母細胞での細胞周期の停止と再開のメカニズムはわかっていませんでした。一九六九年に増井禎夫博士がカエルの成熟卵の細胞質に未成熟卵の細胞周期を再開させる物質があることを発見しましたが、その正体

がん遺伝子の発見

ｗｅｂ記事「がん遺伝子を追う」、「自分の頭で考える～ウイルス研究からがん遺伝子の発見へ～」、「細胞と人間のサイエンス」では、がん遺伝子を発見しその生物学的意義を解明した日本人研究者の活躍が読めます。

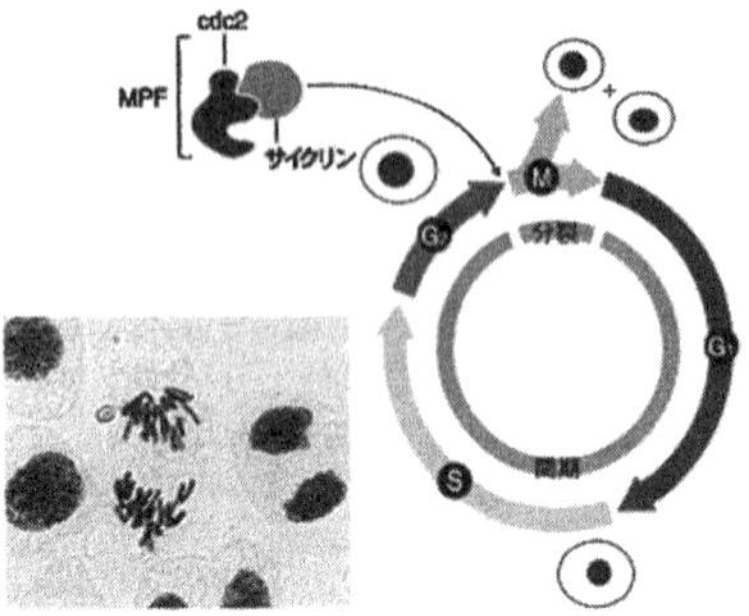

真核細胞の分裂制御

酵母の細胞周期（cell division cycle）の研究からCdcが、ウニ卵の研究からサイクリン（Cyclin）が細胞周期のエンジン役のタンパク質とわかった。増井博士の発見した物質（MPF）は、Cdcとサイクリンの複合体だった。詳しくは、web記事「細胞と人間のサイエンス」を参照。

はなかなか見つかりませんでした。

　これへの解答は、もう一つのモデル生物の研究からやってきました。酵母菌です。単細胞生物なので増殖と細胞分裂の観察が容易であることから、一九六〇年代にさまざまな変異体を作成し、細胞分裂の仕組みを解き明かす研究がなされた中で、特定の分裂期で止まったまま分裂を完了できない細胞や細胞のサイズが大きくならないうちに分裂を繰り返して小さくなってしまう細胞など、分裂が正常でなくなる変異体が見つかりました。

　遺伝子組換え技術が進み、これらの変異の原因遺伝子が次々と明らかになると、酵母菌で細胞周期を進行させるエンジンの役割をするタンパク質は、カエルの卵成熟に必要な細胞質因子と同じであることがわかりました。

　さらに驚いたことに、細胞周期が途中で止まった酵母の変異体にヒトのＤＮＡ断片を導入すると、再び細胞周期が復活して元気に増殖する酵母株が得られたのです。この酵母菌が取り込んだヒトDNAは、ヒトの細胞周期を進行させている遺伝子を含んでいました。ヒトの遺伝子が酵母ではたらかなくなっていたタンパク質の機能を補ったのです。こうして、細胞周期の進行は、ヒトとカエルと酵母で同じような遺伝子を用いて進んでいることがわかりました。真核生物は共通の仕組みで増殖しているのです。

がん遺伝子からみた細胞の増殖

細胞周期を進行させるエンジン役のタンパク質があるなら、そのエンジンを必要に応じてスタートさせたり止めたりする調節役のタンパク質があるはずです。

単細胞の酵母は、生育環境が悪くなると分裂をやめ、栄養豊富になると細胞周期を開始します。また半数体の酵母細胞が接合によって二倍体になる過程では、お互いを接合反応に入らせるフェロモン（接合因子）を分泌し、フェロモンを受けとった細胞は細胞周期を停止します。このようなとき、細胞の中ではアクセル役とブレーキ役のタンパク質がそれぞれ外界の状況に応じてはたらき、細胞増殖を促進したり停止したりしています。このアクセル役とブレーキ役のタンパク質が真核生物ではほぼ共通していることがわかりました。

動物の細胞は、けがが治る仕組みの項（95ページ）で紹介したように、「成長因子」がきっかけとなって細胞分裂を促します。このときはたらくアクセル役のタンパク質を作っているのが、がん遺伝子の正体なのです。ここは大事なところですので、少し丁寧に説明します。

成長因子は、細胞膜上の受容体と結合します。受容体は、成長因子と結合する細胞外領域と、「成長因子が結合した」ことを細胞内に伝える細胞質領域を持っています。成長因子が結合すると、細胞質領域が「活性化」し、細胞質に存在する他のタンパク質に「成長因子が結合した」という合図を送ります。その合図を受けたタンパク質も「活性化」し、別のタンパク質に合図を送る……というように、成長因子の刺激がリレー反応で細胞内に伝わります。この過程を「細胞内シグナル伝達」と呼び、細胞外のタンパク質による刺激を増幅し、細胞にさまざまな反応を起こすのです。

成長因子による刺激の場合、最終的に細胞周期のエンジン役のタンパク質を活性化し、細胞分裂に必要な遺伝子の転写を促進します。

がん化した細胞では、このシグナル伝達に関わるタンパク質に異常があることがわかりました。遺伝子の変異の結果、成長因子の刺激がなくても活性化が起こり、細胞増殖の合図を送り続けるのです。これががん遺伝子の正体でした。本来細胞増殖を制御するタンパク質の遺伝子に変異が起き、増殖し続けることになってしまったのです。がんの原因となりうるこのような遺伝子は、百個以上も見つかっています。細胞増殖は、生きるために大切なことですから、それに関わる遺伝子がたくさんあるのは当然です。それらがどのようにしてはたらいているのか、それを知ることが〝生きている〟を知る一つの鍵です。

ところで、がんに関わる遺伝子には、もう一つ「がん抑制遺伝子」と呼ばれるものがあります。網膜神経芽腫（Retinoblastoma）という子どもの眼に生じる珍しい腫瘍の場合、ゲノムのある部分が欠失していると発症することがわかりました。そこにある遺伝子が細胞増殖のブレーキ役を果たすタンパク質を作る遺伝子だったのです（Rbと名づけられました）。「ブレーキを解除する」合図が入らないかぎり、細胞周期が進むのを止めるはたらきをするタンパク質です。

網膜神経芽腫が発症する場合、遺伝的にもともと片方のRb遺伝子が欠損している場合が多いのです。そして、体細胞分裂の過程で偶然もう一つの正常なRb遺伝子を失うようなことが起こると、がんが発症するのです。

このようなタンパク質は、細胞が無秩序に増えないためのもう一つの仕組みであり、細胞増殖を抑えるはたらきをするのでがん抑制遺伝子と呼ばれます。さまざまながんで、Rbの機能が失われている例が確認されています。

がん遺伝子もがん抑制遺伝子も、どれか一つの変異だけでがんにつながるわけではなく、これらの多くの遺伝子に変異がたまり、悪性の腫瘍細胞へと時間をかけて変化していきます。細胞の増殖は、正負両面から厳重に制御されているのですが、加齢とともにこれらの制御がきかない細胞が少しずつ増えるので、年齢とともにがんになる危険は高くなるわけです。

多細胞生物が避けられない病気

がん遺伝子とがん抑制遺伝子として細胞増殖を制御するタンパク質を中心に紹介しましたが、ほかにも、がんになる・ならないに関わる遺伝子はたくさんあります。ゲノムDNAは、常に複製のエラーや紫外線など外からの影響で塩基配列が変化する危険にさらされていますが、DNAの傷をいち早く見つけて修復するタンパク質や、その修復が終わるまで次のDNA複製が起きないようにする仕組みがあります。これらがはたらかなくなると、細胞はやはりがん化します。

がん細胞は増殖のコントロールがきかなくなるだけでなく、細胞の寿命がなくなり不死化しているという特徴も持っています。真核細胞の染色体の両端には50ページの図で示したようにテロメアと呼ばれる繰り返し配列が存在しており、分裂するたびにこの部分を「コピーしそこなう」ために少しずつ短くなっていきます。通常は、染色体の両端がなくなってしまう前に、細胞分裂を止める仕組みがあるのですが、がん細胞では、このような状況でも分裂し続けます。

もちろん、体はこのような細胞を放置しているわけではありません。体を構成する細胞の数を一定にするために、細胞が自律的に死ぬアポトーシスと呼ばれる現象があります。細胞に大きなダメージが与えられて壊死する場合とは異なり、アポトーシスでは、DNAの断片化や細胞自体の小片化が起こり、最終的にはまわりの食細胞によりすみやかに除去されます。たんなる「事故死」ではなく、生理的な反応としての細胞死です。

発生期に指と指の間の細胞が死んで（水かきのない）手ができたり、さかんに増殖する

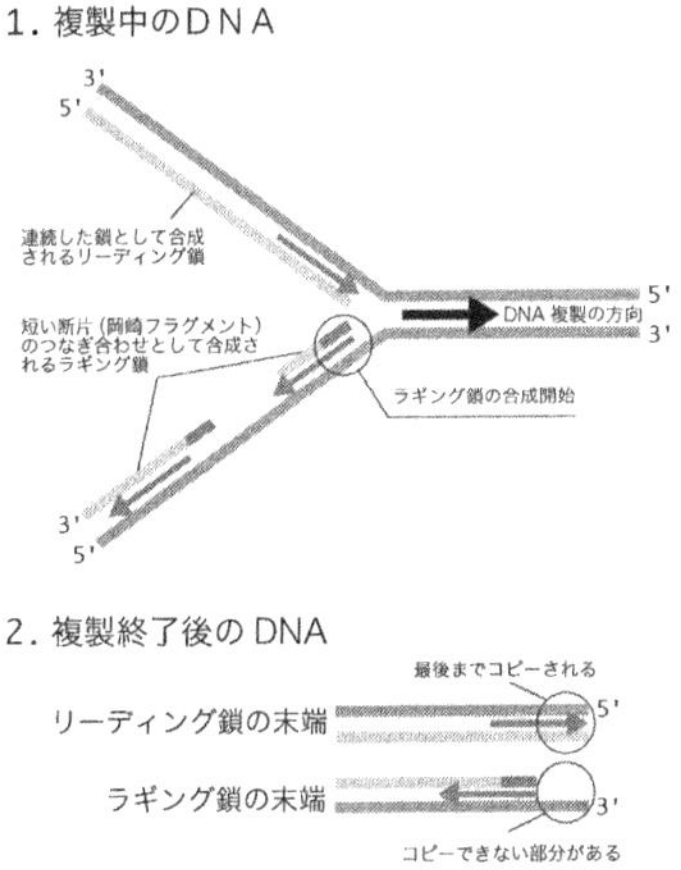
1. 複製中のＤＮＡ
3'
5'
連続した鎖として合成されるリーディング鎖
短い断片（岡崎フラグメント）のつなぎ合わせとして合成されるラギング鎖
DNA 複製の方向
5'
3'
ラギング鎖の合成開始
3'
5'
2. 複製終了後の DNA
最後までコピーされる
リーディング鎖の末端
5'
ラギング鎖の末端
3'
コピーできない部分がある

染色体の両端をコピーしそこなう
DNAの二重らせんは、２本のヌクレオチド鎖がおたがい逆方向に合わさったものである。DNA複製は必ず5'から3'の方向に起こるため、二重らせんの鎖の１本は複製の進む方向と同じ（リーディング鎖）だが、もう一方は逆方向（ラギング鎖）となる。ラギング鎖の複製は短い断片（岡崎フラグメント）ごとに行われるので、端まで完全に複製することができない。

造血幹細胞から作られる血球が、血液中で一定数に保たれるのも、アポトーシスのおかげです。

一方、このような正常な機能の中でのアポトーシスだけでなく、修復できないほどのDNA損傷やウイルス感染が引き金となってアポトーシスが起きる場合もあります。細胞が暴走する前に除去する仕組みです。

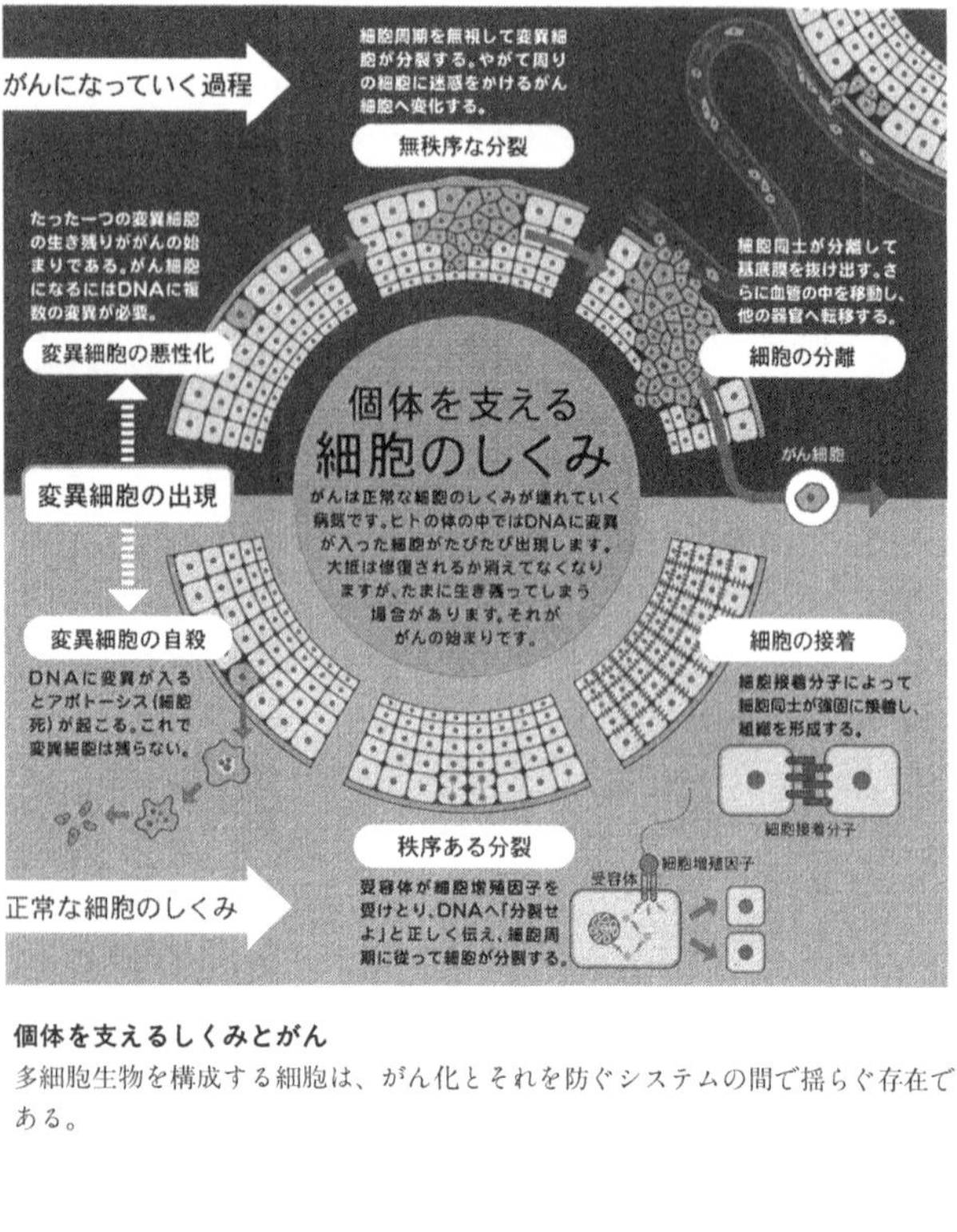

がんになっていく過程
細胞周期を無視して変異細胞が分裂する。やがて周りの細胞に迷惑をかけるがん細胞へ変化する。
無秩序な分裂
たった一つの変異細胞の生き残りががんの始まりである。がん細胞になるにはDNAに複数の変異が必要。
変異細胞の悪性化
細胞同士が分離して基底膜を抜け出す。さらに血管の中を移動し、他の器官へ転移する。
細胞の分離
個体を支える細胞のしくみ
がんは正常な細胞のしくみが壊れていく病気です。ヒトの体の中ではDNAに変異が入った細胞がたびたび出現します。大抵は修復されるか消えてなくなりますが、たまに生き残ってしまう場合があります。それががんの始まりです。
がん細胞
変異細胞の出現
変異細胞の自殺
DNAに変異が入るとアポトーシス（細胞死）が起こる。これで変異細胞は残らない。
細胞の接着
細胞接着分子によって細胞同士が強固に接着し、組織を形成する。
細胞接着分子
秩序ある分裂
受容体が細胞増殖因子を受けとり、DNAへ「分裂せよ」と正しく伝え、細胞周期に従って細胞が分裂する。
細胞増殖因子
受容体
正常な細胞のしくみ

個体を支えるしくみとがん

多細胞生物を構成する細胞は、がん化とそれを防ぐシステムの間で揺らぐ存在である。

成長し終わったあとの私たちの体は、一見、変化に乏しいようですが、それぞれの細胞が「うまく生きてうまく死ぬ」ように、多くの精巧な仕組みがゲノムによって仕掛けられているのです。しかしその仕掛けは、完全ではありません。私たちは長寿を望みますが、寿命が延びたぶん、ゲノム全体としてのはたらきがどこかで壊れることに出会うことになってきたともいえます。多細胞生物としては、がんは避けがたいものなのです。

病気を考えることは、生きていることを考えることであると実感します。とくにその中で出てきた、アポトーシスは興味深い現象です。巧みに死ぬことが生を支えているのですから。病気との闘いは、ただがむしゃらに病気を打ちのめすというものではありません。いかによく生きるか、病気と向き合うとそれを考えさせられます。

第四章　老いる

ギリシャ神話に登場する怪物スフィンクスが、通りがかった旅人に出したなぞなぞは、

「朝には四本足で歩き、昼には二本足、そして夕方には三本足で歩くものはなにか？」

でした。この難問に答えられる者はなく、皆、殺されてしまったのですが、英雄オイディプスは「それは人間である」と見事な解答を出し、スフィンクスを退治しました。赤ん坊の時は這い、成長したら足で立ち、老いて杖に頼る人間の一生が、なぞなぞの答えだったのです。

このように、体の衰えは人間の老いを象徴するものであり、誰にも訪れるものです。しかし老いとは、体の全ての構造・機能に同等に訪れるものではありません。たしかに瞬発力の必要な動作は若い時ほど得意ではなくなりますが、持続力が必要な運動はさほど衰えないといわれます（山登りを続ける元気なお年寄りが増えています）。筋肉の老化では、速筋の方が遅筋に比べて萎縮が早く起こるからです。

老化により特定の器官のはたらきが悪くなることもあります。たとえば胸腺は免疫細胞（T細胞）が成熟するのに必要な器官であると紹介しましたが、その大きさは出生時が最大であり、成人後は萎縮していく一方です。老人の免疫機能が低いのは、胸腺の老化のためと考えられています。また白内障は、眼の水晶体を構成するタンパク

質クリスタリンが加齢により変性したために起こります。つまり、特定のタンパク質が老化現象の引き金になっているのです。

そして、多くの人にとって体の衰えとともに心配なのが「頭脳」の衰えでしょう。つまり、脳の老化です。

脳は神経系の一つですが、神経系の老化にも多様性があり、運動神経（末梢神経）に比べて、脳などの中枢神経の機能は加齢によりそれほど低下しないとされています。むしろ、経験が加わり、知恵は増していくと考えてもよいでしょう。しかし一方で、老人にはある割合で、「痴呆」（認知症）という若者には通常みられない、記憶・意識のはたらきが衰える症状が現れます。また、膨大な血管によって支えられている脳は、「血管の老化」のために脳梗塞、脳内出血などの危険性があり、その結果、脳に障害が起こることがあります。このように体の老化を考えることは単純な問題ではありません。

ここでは、人間の老いを脳に焦点をあてて考えたいと思います。

1　脳と老い

脳に関心を持つ人が増えています。ＰＥＴ（ポジトロン断層撮影法）やＭＲＩ（磁気共鳴画像法）など脳のはたらきを無侵襲で調べる技術が進み、脳内各部位での代謝と行動との関係が少しずつわかり始め、脳の機能に関わる遺伝子もしだいに明らかになってきました。このような研究の進展が、脳への関心を高めている一因でしょう。

これらの成果を、脳を効率よく発達させたり、いつまでも脳を若く保つことに応用できるのではないかという期待もあります。「少子社会」、「高齢社会」であるなか、子どもを賢く育てたい、体も脳も健康に老いたいという願いへの答えとして脳科学への期待が高まるのも理解できます。ただ、これを単純な因果関係で考えるのは、脳という複雑な臓器のはたらきから見ても難しいだろうということは予想できます。

本節では、まず「脳とは何か」ということから始め、いま脳の老化現象として問題となっていることを考えていきます。

1・1　脳とはどんな臓器か

脳は、心臓、肝臓などと並ぶ臓器の一つですが、私たち人間にとって特別な意味を持っています。数ある生きものの中でヒトを特徴づけるのは二足歩行ですが、その結果得た大きな脳（特に大脳皮質）、自由な手、言葉が連携して高度な文化・文明を構築したことが、ヒトを〝人間〟という特別な存在にしているからです。

一九八〇年代初め、欧米で生殖医療とその研究方法が検討されたとき、ヒトはいつからヒトかという議論をしたことはすでに紹介しました。体外受精が生殖医療に取り入れられ、受精卵を作製・培養する研究がどこまで認められるかが各国で問題となったのです。受精卵を人間として認めるべきであるという考えから、出産時が人間の誕生だという考えまで、さまざまあるなかで、神経の形成時、脳波が測定されるときなど、脳に注目する考え方が多く出されました。

結局、いつからがヒトかということに結論は出ませんでしたが（今も出ていません）、英国がヒト胚の研究可能な時期を受精後十四日以内と定める報告を出し、それが現在、世界の主流になっています。この時期に脳や脊髄などのもととなる神経細胞がはっきりと出現するため、胚が「痛みを感じる」器官を作り始めた、いいかえれば、痛みという意識を持つ可能性があるということが一つの根拠です。そして、最後の第五章で紹介しますが、死についても、脳の死を個人の死とする定義が世界各国で採用されるようになってきました。

このように、脳は特別な意味を持っていますが、一方で、脳もまた肺や胃のように、人体を支える臓器の一つであることにはかわりありません。体が全体としてはたらく中で、他の臓器と関わりあい、また環境と関わりあいながらはたらいているという位置づけも必要です。

興奮する神経細胞

まず、脳の中で最もよく研究されている神経細胞から見ていきます。細胞体から長い軸索を伸ばしている姿からもわかるように、「電気的な興奮を伝える」のが神経細胞の大きな特徴です。神経細胞一つ一つが、刺激を受け、伝えるというはたらきをするのでこれをニューロン（神経単位）と呼びます。

軸索の細胞膜には細胞内外のイオンを輸送するイオンチャネルがあり、そのはたらきで電気的興奮が起きます。このようなイオンチャネルは、単細胞の酵母から動物までほとんどの細胞で共通な構造であることが知られています。

つまりこの点では、神経細胞はけっして特殊な細胞ではありません。たとえば、筋組織にもいくつかの種類のイオンチャネルがあり、それぞれではたらく場所が決まっています（筋細胞も、興奮できる細胞です）。骨格筋ではたらくイオンチャネルに変異があると、手や脚などに強いこわばりを起こす筋緊張症になることが知られています。また、脳ではたらくイオンチャネルに変異があるとてんかんになる場合がありますが、いずれも細胞が適切に電気的な興奮を処理できないために起こる症状です。

神経細胞に特有なのは軸索です。軸索が他の神経細胞の樹状突起と接している部分をシ

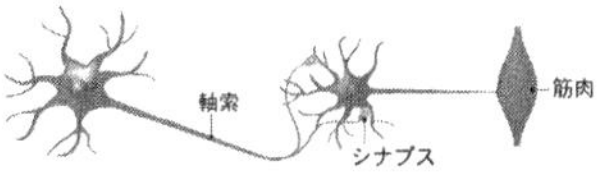

神経組織

一個一個の神経細胞（ニューロン）が刺激を伝える。

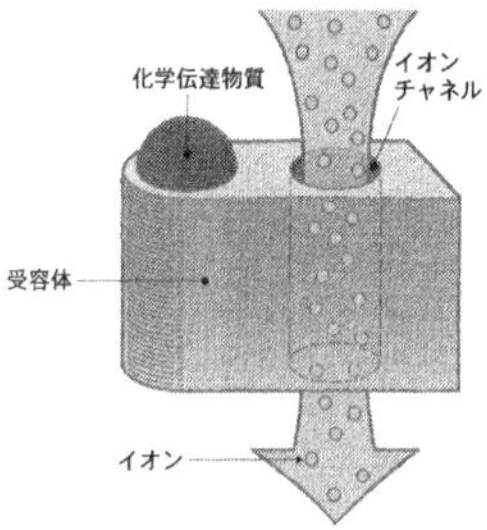

イオンチャネル

チャネルが開くと特定のイオンが通過し、膜内外で電位差が生じる。伝達物質の結合で開くリガンド作動性チャネル、電気刺激で開く電圧依存性チャネルなどがある。

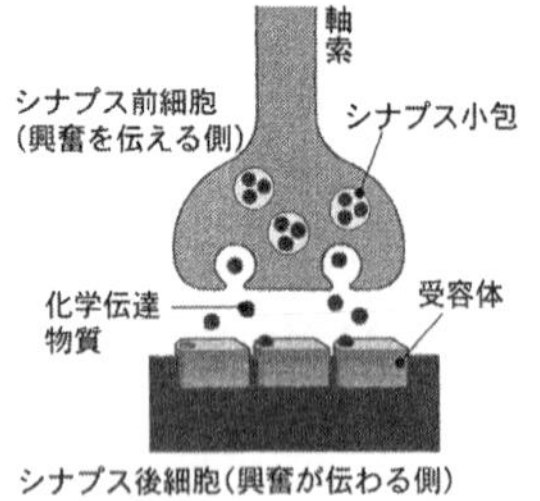

シナプス
ニューロンとニューロンの間の隙間（シナプス間隙）では、軸索の末端から化学物質を放出して他のニューロンに興奮を伝える。電気信号と化学物質の組み合わせで情報伝達しているのが神経系の特徴といえる。

ナプスと呼びます。シナプスでは、軸索と樹状突起の細胞膜の間にわずかな間隙《かんげき》があります。軸索の先端部では、神経伝達物質と総称されるグルタミン酸やセロトニンなどの化学伝達物質が放出され、樹状突起にある受容体がそれらを捉えると電気的な興奮が起こります。神経伝達物質の過剰や不足などバランスが崩れると、パーキンソン病やうつ病、不安障害、アルツハイマー病などの原因となることがわかってきました。

脳の構造と機能

神経系は、機能上・形態上の「中心」である中枢神経と、中枢神経から体の各部に広がる末梢神経に大きく分けられます。ヒトの中枢神経は、脳と脊髄です。脳と脊髄から体の各部へ伸びる末梢神経には、体性神経系と自律神経系の二つの系があり、体性神経系は、意識的にコントロールできる筋肉と感覚受容器を脳や脊髄につなぎます。自律神経系は、脳幹や脊髄と内臓をつないでおり、不随意的にこれらを制御しています（くしゃみやせきなどの反射反応もこの仕組みです)。

なお、眼、耳、鼻、喉、頭、首などの各部と脳を直接つなぐ神経を脳神経、脊髄と体の他の部分をつないでいる神経を脊髄神経と呼びます。脳はこの脊髄神経を通じて、体のほとんどの部分と情報のやりとりをするのです。脳神経の一部と大部分の脊髄神経は、末梢神経系の体性神経と自律神経の両方を含んでいます。

脳の中では、神経細胞の膨大なネットワークが作られており、特に大脳皮質では一ミリメートル立方あたり十万個ものニューロンが存在しています。脳は形態的・機能的に、大きく大脳、脳幹(間脳、中脳、橋、延髄)、小脳に分けられます。脳幹は、反射運動・生得的行動などに関わる生命維持の機能の中枢であり、後で述べる「脳死」問題で、議論の中心となる部分です。小脳は体の平衡感覚や運動機能を担います。この部分の神経回路が変性

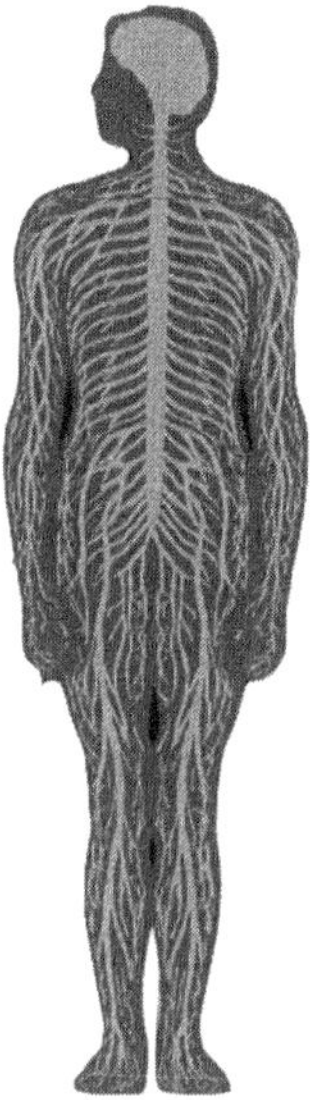
ヒトの神経系

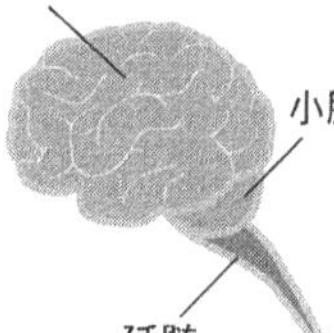

ヒトの脳
魚類や両生類などでは間脳や中脳が露出しているが(193ページ)、ヒトの脳ではそれらは肥大化した大脳に隠れている。

する原因不明の難病に、小脳脊髄変性症という運動失調症があります。

人間の脳の八〇％を占める大脳は、いわゆる知・情・意の精神活動を支えています。大脳は左右の半球に分かれ、それぞれ反対側の体の感覚や行動をつかさどります。また、左右の半球の各箇所に、見る・聞く・話すなどそれぞれの機能に特化した領域があります。

この脳の各領域の役割分担を知る重要な手がかりとなっているのが、従来の磁気共鳴画像（Magnetic Resonance Imaging：ＭＲＩ）法に加えて、脳の血流の状態を計測することにより脳の特定の活動部位を同定するｆＭＲＩ（functional MRI）など活動中の脳を無侵襲で調べる方法です。ものを見る、考える、話すなどという行為の際には、それに関わる部分の血流量が変化しているはずで、そこを捉えようというわけです。また、病気によって脳のどの機能が失われるのかもこの方法で調べられています。

とはいえ、測っているのはあくまで血流であり、何が欠けているかを知るには実際にこの細胞が何をしているかがわからなければなりません。それは、まだこれからの課題です。

なお、脳細胞といえば普通は神経細胞をさしますが、最近の研究では、ヒトの脳では神経細胞の十倍量も存在するグリア細胞や、細胞間を走る血管のはたらきが注目され始めています。

グリア細胞は神経細胞と同じ幹細胞から分化したもので、これまでは神経細胞に必要な栄養分やイオン環境を整えるだけと思われてきました。しかし最近になって、神経細胞の電気的な信号伝達だけではなく、グリア細胞が起こすカルシウムイオンの化学的な信号が脳の活動に関わっているらしいとわかってきたのです。また、活発に活動している領域では血流が一時的に増加しますが、このコントロールはグリア細胞が毛細血管を調節して行っているらしいのです。

神経細胞、グリア細胞、血管が形成する複雑なネットワークの理解は、まだまだ始まったばかりです。

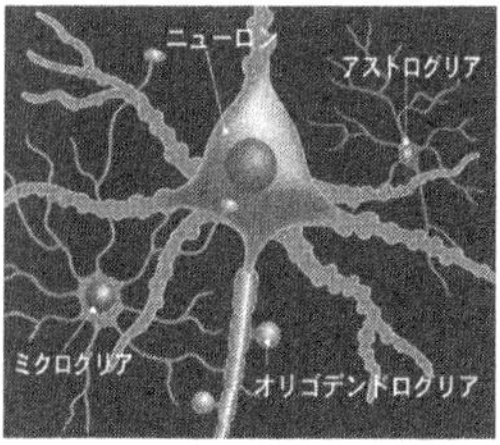

ニューロンとグリア

グリア細胞には図に記したようにいくつかの種類がある。これらのはたらきについては、web記事「柔軟な脳のはたらきを支えるアストロサイト」を参照。

脳のでき方

脊椎動物の神経細胞は、発生過程ではまず表皮と同じく外胚葉と呼ばれる細胞層から分化します。胚を覆うシートのうち、頭と尾っぽをつなぐ中心線上にある一部の細胞が管状に落ち込んで、体の中に中空の構造が生じます。これが神経管、まさに体の中心を貫く神経のもととなり、頭側が

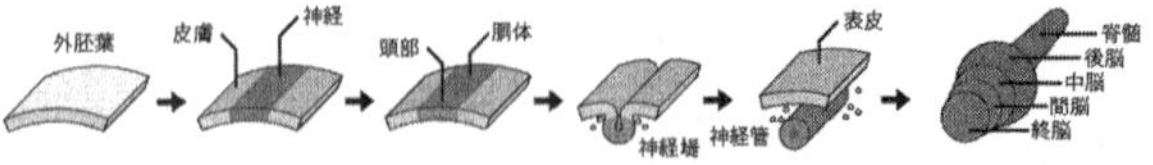
外胚葉
皮膚
神経
頭部
胴体
神経堤
神経管
表皮
脊髄
後脳
中脳
間脳
終脳

初期細胞の一番外側の細胞層。

神経と皮膚が決り、同時に、神経は頭部(脳)と胴体部(脊ずい)に分かれる。

神経板中央部が陥没。内部に入り込み、神経管になる。 このとき、神経堤細胞は表皮と神経管から脱落する。

神経管の頭部領域はいくつかの部分になり、脳胞としてふくらんで脳のかたちができる。分化するのが最も遅い前方部の終脳が最後まで成長する

神経形成

脳、後側が脊髄となります。また、落ち込む時に神経堤と呼ばれる細胞が神経管から離れ体中にちらばり、末梢神経の一部となります。

この神経管の形成で、前側の神経管がうまく管状の構造を作れない場合は無脳症、後側の異常は二分脊椎症という先天異常の原因となります（66ページ）。また神経堤細胞の分化異常として、神経芽細胞腫（未分化な神経細胞のがん）、巨大結腸症（消化管神経節の欠損）などの病気が知られています。

神経管、神経堤の細胞は神経の幹細胞であり、細胞分裂を繰り返して神経細胞やグリア細胞を生み出します。そして、個々の神経細胞が軸索を伸ばし、ふさわしい場所にある別の神経細胞や筋肉とシナプスを作って回路を形成します。たとえばヒトの脳では、一個の神経細胞に千個以上のシナプスが形成され、全体で十の十一乗のシナプスが回路を形成しています。

このような複雑な神経回路が作られる仕組みは、それぞれの神経細胞が、軸索を正しい道筋で伸ばしていくこと（経路選択）と、正しい標的を見つけること（標的認識）の組み合わせにあります。脊椎動物

の回路形成では、軸索が標的細胞を探すのを助ける物質があり、その誘導で軸索が行きつ戻りつする様子が観察されています。その結果、標的細胞とシナプスを作れた神経細胞だけが生き残り、ほかはアポトーシスによって除去されます。

　脳の神経回路というときっちりと決まった構造を思い浮かべますが、軸索が伸びていく様子を観察していると迷いながら行き先を探しているように見え、体の作られ方はゆらぎがあることが実感できます。

　私たちの体の大きさはほぼ決まっていますが、個体によって少しずつ違いますから、初めから軸索の長さや方向を決めた設計図を描くわけにはいきません。こうして現場の要請に従って体を作っていくという方法は、一見いい加減なようで、融通のきくよい方法なのです。なんとも生きものらしいところです。

　このようにして作られた回路も実はまだ大まかな配線であり、シナプスに刺激が伝わるようになった時に、刺激があまりこない不必要なシナプスは除去され、精緻な神経回路が

神経の幹細胞

ｗｅｂ記事「ホヤから私へ—脳と心の進化を追う」では、ニューロンにもグリアにも分化する幹細胞が存在することを発見した研究者の記事が読めます。

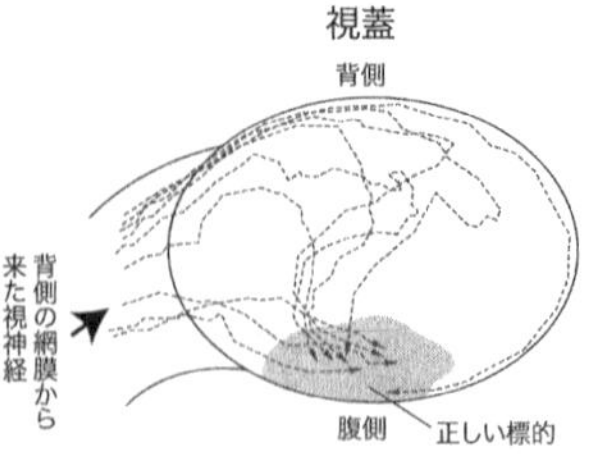
視蓋
背側
背側の網膜から来た視神経
腹側
正しい標的

神経回路の形成
標的認識の仕組みは、藤澤肇博士が両生類を用いて解明した。図は、イモリの脳の視蓋で、背側網膜から伸びた視神経が試行錯誤を繰り返して最終的に正しい標的（視蓋の腹側）にたどり着いた様子。詳しくはweb記事「神経回路は試行錯誤で」を参照。

できあがります。神経細胞もシナプスも最初はムダに多く作られ、それがだんだんと絞り込まれていくわけで、これが機械とは違う生物の特徴です。

哺乳類の場合、いったんできあがった神経回路が損傷を受けた場合には残念ながら元通りになることは非常に難しく、同じ外胚葉の子孫である表皮の細胞が頻繁に再生を繰り返すのとは対照的です。

もっとも、最近になって、成長した脳でも神経幹細胞が見つかり、成人になってからもある程度の細胞の再生が見られることがわかってきました。ただ、ES細胞を用いて人工的な再生を試みる医療も含めて後述しますが、脳は基本的には発生時に作られた構造を基本にはたらくものと考えてよいでしょう。ただ、ここで注目したいのは、脳はかなりの可塑性（210ページ参照）があり、一部がダメージを受けると他の部分でその機能を代替する場合があるという事実です。基本構造は決まっているけれど融通もきくのが脳です。

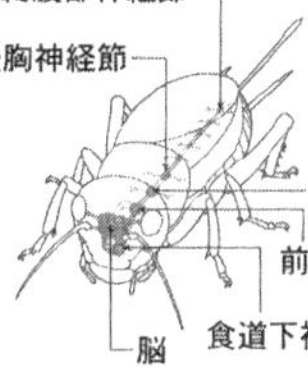

昆虫の神経系
コオロギの例。各体節に神経節を持つ。

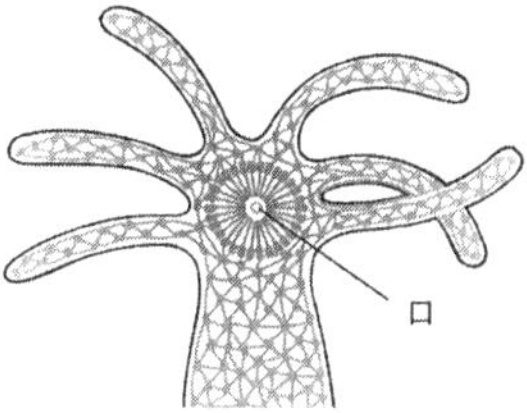

ヒドラの神経系
口の周りに神経細胞が集まりリング状になっている。

脳を脳たらしめた生きものの歴史

体を作る細胞をいろいろな機能に分業させているのが多細胞生物の特徴ですが、神経細胞を一ヵ所に集中させている動物の中で最も単純な構造を持っているのはクラゲの仲間であるヒドラです。ヒドラは固着性の生きものでほとんど移動しませんが、口の周りに神経細胞をリング状に配置させており、触手の動きや摂食行動に役立っているのだろうとされています。

より積極的に移動する動物では、前方（頭側）に感覚器官や神経細胞を集中する傾向が顕著になります。生きものが動くのは、食べるためと、食べられないためのどちらか（あるいはどちらも）を求めて始まったわけですが、いずれにせよ、眼や鼻や口に近いところに、情報処理の中枢を置くのが便利です。ただ、無脊椎動物を代表する節足動物と、脊椎動物を代表するヒトの体を比べると、中枢神経の発達の仕方がやや異なっています。脊椎動物では、脳をひときわ巨大化させ、それに続く脊髄を背中側に持っています。

一方、昆虫など節足動物では、腹側に神経系を持ち、頭部以外にも胸、腹の体節に神経節を集中させています。これを分散脳と呼びます。分散脳は各部がかなり独立に機能しており、頭を失ってもハネをはばたかせたり、歩いたりすることができます。ヒトが数千億個の神経細胞を持つのに対し、昆虫は数十万個と少ない数で神経系を作り上げていますが、独立した神経節を作って各部を有効にはたらかせる工夫をしているのです。

昆虫の神経系の工夫のもう一つは、個体を作る発生時に見られます。脊椎動物とは違って軸索の伸長経路やシナプスのでき方がゲノムのはたらきで厳密に決まっており、回路形成の過程で神経細胞をムダに作ることをしません。小さい脳をムダのない方法で作る昆虫、大きな脳をムダを抱えながら作っていく私たち。生きものそれぞれに、脳の作り方、脳のあり方が異なり、それは暮らし方の違いに反映しています。

脊椎動物は脳に中枢機能を集中させてはいますが、ただひたすら巨大化するだけが脳の進化だったわけではありません。たとえば、草食動物と肉食動物の腸の長さは前者が著しく長いのですが、それで消化吸収能力の優秀さを議論するのは無意味であり、食べ物に応じた大きさと機能を持った内臓があるのは当然です。脳も例外ではありません。

脊椎動物の脳の進化史を現存生物から類推していくと、脳幹部が大部分を占め、嗅覚《きゅうかく》に関わる嗅球が前に飛び出た大脳、延髄の背側になる小脳の存在がまず基本形です。ついで本能行動などに関わる大脳の古皮質が発達し、視覚の発達に伴い中脳（視蓋《しがい》）も大きくなってきました。哺乳類では、新皮質と呼ばれる部分が脳の大部分を占めるようになります。新皮質は運動や感覚の統合、意志、思考など高次の精神活動に関わります。

複雑な運動をする鳥類や哺乳類では、小脳が発達しています。魚類と爬虫類《はちゅうるい》・両生類を比較すると前者の小脳の発達が目立ちます。主として二次元の活動ですむトカゲなどの地上での生活より、三次元で動ける水中生活のほうが運動が複雑であり、魚類はそれに適した脳になっているのです。

霊長類では、大脳新皮質の割合が半分以上を占めています。霊長類の脳の大きさを食性

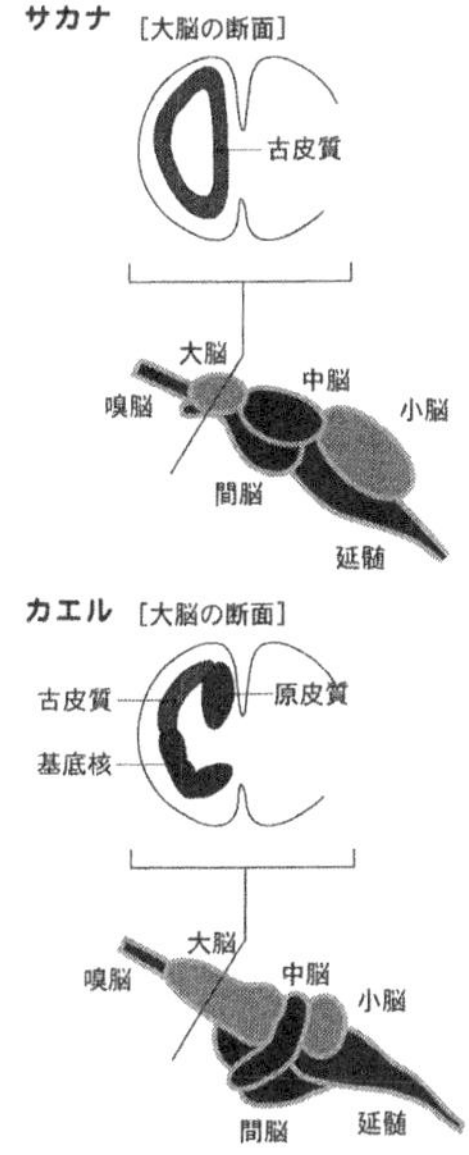
サカナ
[大脳の断面]
古皮質
大脳
嗅脳
中脳
小脳
間脳
延髄
カエル
[大脳の断面]
古皮質
原皮質
基底核
大脳
嗅脳
中脳
小脳
間脳
延髄

魚類と両生類の脳比較

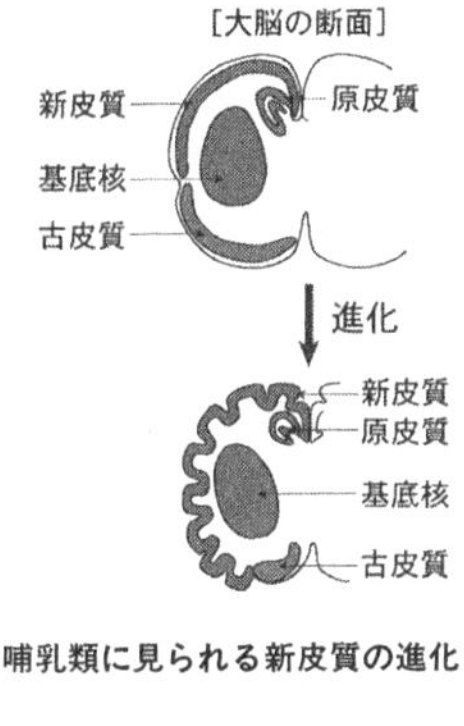
[大脳の断面]
新皮質
原皮質
基底核
古皮質
進化
新皮質
原皮質
基底核
古皮質

哺乳類に見られる新皮質の進化

と比較したところ、おもしろいことがわかりました。果実など栄養価が高く消化しやすいものを食べている種は大きな脳と小さな消化管を持っており、葉を食べている種は逆に脳は小さく消化管が大きい傾向があったのです。脳と消化管はともに多くのエネルギーを消費する臓器ですから両方を大きくするのは難しいことです。そこで、両者のバランスで脳の大きさも決まっているのかもしれません。

葉だけを食べるより果実を食べるほうが、色彩の認知が必要ですし、季節によって実の

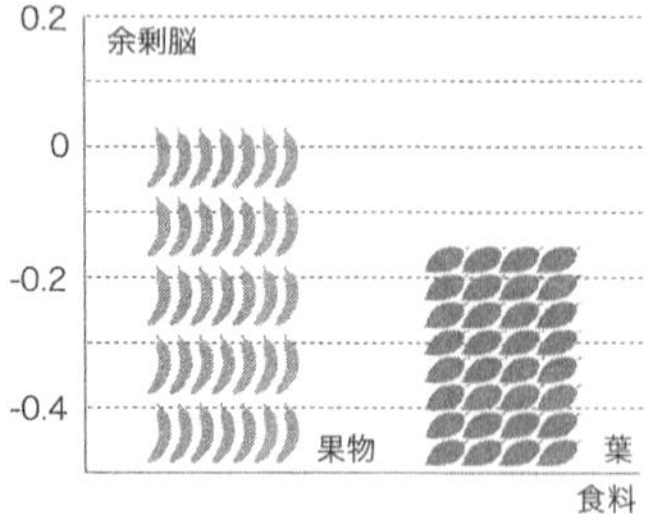

食べ物が脳を大きくした？
同じ霊長類の仲間でも体が大きいほど脳が大きいのは当然なので、体との比率で比較する。ここでは、体の大きさから当然に予想される脳の大きさ（体重の対数に3/4を乗じた数値）を差し引いた「余剰脳」を比較した。
（余剰脳）＝log（脳重量）－3/4×log（体重）

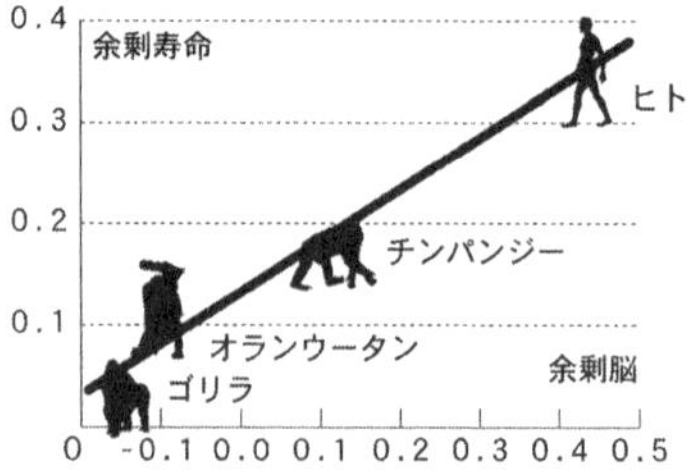

家族が大きくした脳？
脳が大きいほど寿命が長い。

なる時期を知るなど、脳のはたらきも複雑になるわけで、食べものと脳の関係はここにも見られます。

大きな脳は成長するために時間がかかり、育児の必要性が生じます。脳の大きさと寿命には相関関係があります。また、家族を形成するという社会性は、育児の負担を軽減するための工夫であるという説もあります。脳は、寿命や社会生活のありかたに関わり、そこで生じた生活形態がまた脳を発達させるという正のフィードバックがかかりやすい臓器であり、その結果、私たちの脳は現在のようになってきたのでしょう。

1・2 脳の老化

ヒトの寿命が延びた結果、医療問題として浮かび上がってきたものとして、がんなどの生活習慣病のほかに痴呆があります。一般的な加齢で、ちょっとした物忘れなど日常生活にあまり支障のない「脳の老化」は誰にもありますが、明確な記憶障害や意識障害が不可逆的に起こる痴呆（以前は〝老人ボケ〟と呼ばれ、現在は認知症という名称になっています）が増え、本人や家族を悩ませています。痴呆の原因はよくわかっていませんが、患者の脳の状態には特徴が見られ、アルツハイマー病と呼ばれる脳組織の変性が痴呆の原因の一つとして浮かび上がっています。

脳は老化が遅い臓器

神経細胞は長生きする細胞です。特に中枢神経の細胞のほとんどは、個体の一生と同じ「寿命」を持ち、最終分化をした神経細胞はもはや分裂せず、更新されることはありません。ただし、以前は全く存在しないと思われていた神経幹細胞が脳の一部に存在し、古いニューロンが新しいものに置きかわっていることがわかってきました。その顕著な例として、カナリアなどよくさえずる鳥類での研究があります。これらの鳥は繁殖期ごとに求愛の鳴き声を新しく学習しますが、この際、多くのニューロンが入れかわっています。

人間では、大脳皮質の一部で、記憶に関わる海馬《かいば》と呼ばれる組織（海神の乗馬とされる伝説上の動物に形が似ているためこの名がつけられたといいます）においては、老年期でも神経新生があることは確実とされています。一方、高次脳機能を担う大脳皮質では、健康な状態では新生はほとんどないようです。つまり、神経細胞は皮膚細胞のように死んでいったものをどんどん補充するシステムを持っておらず、基本的に減少・機能低下の方向にあり、これが老化であるといえます。

しかし神経細胞の減少が、ただちに脳機能そのものの低下を意味するわけではありません。末梢神経（運動神経）の老化に比べて、中枢（脳）の機能は実はそれほど低下しないのです。たとえば樹状突起の長さを比較すると、初老の人のほうが中年よりも長いという逆転現象が見られます。

一般的に、加齢により計算力や記憶力は低下するけれど、総合的判断力は維持または向上するといわれます。脳を疲弊していくだけの部品（神経細胞）でできた機械と捉えるのは間違いです。たしかにある割合で神経細胞は死んでいきますが、生き残った細胞が死んだ細胞を埋め合わせるように長い距離のネットワークを再構築し、脳機能が保たれるらしいとわかってきたからです。

理論上では、純粋に加齢によるシナプスの減少がアルツハイマー病患者のレベルに達するには百三十歳までかかるとされています。この数字からも、脳はきわめて老化が遅い臓器であるといってよいでしょう。

脳の機能的な障害――痴呆

脳の機能はかならずしも衰えるものではないといえる一方、六十五歳の約五％、八十五歳以上では四人に一人に「痴呆」（認知症）が見られます。痴呆になると、それまでの人生で獲得したさまざまな知的能力や記憶が失われ、日常的な生活に支障が出ます。一度、痴

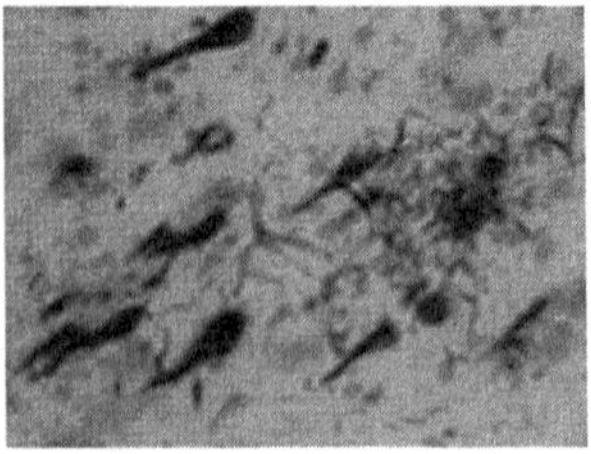

アルツハイマー病に見られる神経細胞の変性
右のぼんやりした黒い斑点が老人斑。オタマジャクシのように見えるのは神経原繊維変化。(今堀和友博士提供)

呆の症状が出ると、その状態を改善するのは非常に困難と考えなければなりません。

痴呆患者の脳では、脳組織の変性が生じており、神経細胞の異常な「死」が起こっています。正常な「老化」を越える、構造と機能の異常が脳に生じているのです。

痴呆の原因となる脳の変性が生じる理由は大別して二つあります。一つは、脳血管の障害のため二次的に起きる神経細胞の損傷、もう一つはアルツハイマー型と呼ばれる神経細胞の欠損です。従来、日本人では脳血管性の痴呆が多く、欧米人ではアルツハイマー病として分類される痴呆が多いとされてきましたが、日本でもアルツハイマー型の痴呆が増えています。

そこでまず、アルツハイマー病について概観し、次いで脳血管障害を見ていきます。

アルツハイマー病

アルツハイマー病は、百年前のドイツで、痴呆の症状を示した五十代の女性を診療したアルツハイマー博士にちなんでつけられた名前です。患者の死後解剖された脳は神経細胞が消失して萎縮し、多くの斑点が見られました。通常のこの年代の人の脳にはない特徴であり、老人性痴呆患者の脳にしばしば見られる老人斑と似ていました。これが若年の痴呆患者にも生じていることから、老人斑こそ痴呆に関係しているだろうと思われたのです。

一九八〇年代になり、老人斑の正体は、βアミロイドというタンパク質が異常に蓄積し沈着したものとわかりました。このタンパク質が外来のものか、内在するものかについての議論が起こりましたが、高齢者で普通に見られる血管に沈着する物質とほぼ一致するなど、体にもともとあるタンパク質であろうという説が有力になっています（実はニューギニアの風土病であるクールー病が感染性の精神疾患であると予想され始めた時期にこの解明がなされたので、アルツハイマー病も感染性が疑われたのです。クールー病は、現在ではBSE（118ページ）と同じプリオンタンパク質による疾病と判明しています）。

βアミロイドが内在のタンパク質であることがわかると、世界中の研究者がその遺伝子を探しました。その結果、βアミロイドはもともとは神経細胞に存在する大きなタンパク質から切り出されたものであり、二十一番染色体にその前駆タンパク質の遺伝子があることがわかりました。

なおダウン症（二十一番染色体が三本存在するトリソミー）患者は中高年以降にアルツハイマー病が合併症として出やすいのですが、これはβアミロイドタンパク質が普通の人よりも多く生産されているためと考えられています。

若年性のアルツハイマー病はとくに遺伝的要因が大きいと予想されたので、患者のゲノム解析を行った結果、二十一番染色体以外に十四番染色体の変異が関係している例が多数見つかりました。

この遺伝子の機能は最初は全く不明だったのですが、線虫やハエに存在する類似遺伝子の研究から、βアミロイド前駆タンパク質を切断する酵素であることがわかりました。つまり、二十一番染色体の遺伝子が作るタンパク質が、十四番染色体の遺伝子が作る酵素で切り取られてβアミロイドとなり、異常に沈着してしまうのです。

さらに、患者由来のβアミロイドの変異遺伝子をマウスで発現させ、マウスに記憶障害を起こさせる実験もなされました（マウスの短い寿命では、痴呆になるまでの脳の老化は通常起こらないと考えられています）。培養した神経細胞の実験でも、大量のβアミロイドが細胞を殺し、少量でもシナプスの神経伝達に悪影響を及ぼすことがわかっています。

こうしてβアミロイドと脳の変性の因果関係がはっきりしてきましたが、分解される前のβアミロイド前駆タンパク質が何をしているのかがわからないのです。はたらきがわからなければ悪さばかりが目につきます。また、どのような場合にβアミロイドが異常に蓄積するのかもわかりません。

アルツハイマー病患者の一部はたしかに遺伝性ですが、ほとんどは遺伝子変異に関係なく起きる症状です。βアミロイドの蓄積の阻害や、分解の促進など治療手段は検討されていますが、根本的な治療が実用化されるまでには残念ながらまだ少し時間がかかりそうです。

落ち着いたよい環境の中で、適度な精神活動を必要とする刺激を与えることが、アルツハイマー病の進行を遅らせる効果があるとされています。追い立てられるような生活も、まったく刺激のない生活も、ともに好ましくないわけで、これはとくに病人にだけいえることではありません。医療とは、誰もが暮らしやすい状況を作ることであるといえるわけです。

2 脳の障害と可塑性

交通事故や階段での転落など、日常生活には脳の障害につながる危険が少なくありません。脳に衝撃が加わった場合、外から見てわかる出血よりも（頭皮には多くの血管があるため、頭部の出血は重傷に見えます）、内出血のほうが重い症状を起こす危険があるのは、神経細胞の損傷につながるからです。中高年を過ぎると脳内出血のリスクが高まるのは、心筋梗塞などと同様に、血管の老化が引き金となるからです。

医療技術の進展により、高齢の脳卒中患者が一命をとりとめる例は増えてきました。しかし、障害を受けた箇所によって思考や運動に後遺症が残る場合もあります。残された脳を生かす医療とはどのようなものか、さまざまな面から考えます。

2・1 脳卒中

二〇〇四年の春、その年の夏のオリンピックで日本代表野球チームを率いることになっていた長嶋茂雄さん（当時六十八歳）が脳梗塞で倒れたことが大きなニュースになりました。とくに、同世代の人々は、自分たちのスターが倒れたという衝撃と同時に、脳梗塞が健康に特別の留意をしているであろうスポーツ選手でも起こるのだということをあらためて認識しました。

卒中の「卒」は「突然」、「中」は「中《あた》る」を意味します。「突然、邪気にあたって、半身が動かなくなること」を卒中風《そっちゅうふう》と呼んでいたことの名残りが、病名として残っているのです。脳卒中の原因は、厳密にいえば脳の老化というよりも脳内を走る血管の老化というべきですが、その症状と治療には、やはり「脳」特有の問題があります。

生活習慣病としての脳卒中

血管が関わる生活習慣病には、高脂血症、高血圧があります。この状態が長い間続くと、血管の壁が肥大化する動脈硬化になりやすくなります。その結果、血管の破裂につながる血栓や、血流の途絶えによる心筋梗塞の危険が高まります。がんに続く、中高年の死因の二番目が心疾患、三番目が脳血管性疾患ですが、どちらも血管が大きく関わる病気です。

脳血管性疾患（一般的にいう脳卒中）の具体的な原因は大きく三つに分けられます。

一番多いのは、脳の血管が詰まって脳組織の栄養供給が絶たれ、細胞が死んでしまう脳梗塞です。出血性のものとしては、脳の動脈が破裂して行き場を失った血のかたまりが脳を圧迫する脳内出血と、脳の表面にできた動脈瘤《りゅう》が破裂して脳を覆うくも膜と脳の間に血液がたまるくも膜下出血とがあります。

脳梗塞も脳内出血も脳の特定部位に直接障害が起こるため、麻痺やしびれ、言葉が出ないなどの症状が突然現れ、出血が続くと生命に関わります。くも膜下出血は、脳を覆う組織の層である髄膜を刺激し、頭痛、嘔吐、めまいを起こします。

いずれの場合も、すみやかな治療が重要です。再生しない神経細胞へのダメージを最小限にするには、とにかく神経細胞への酸素や栄養供給を復活させ、出血の拡大による物理的な圧迫を取り除く必要があるからです。

近年、早期治療の進歩により脳卒中になっても命をとりとめる例は増えてきました。しかしここで脳特有の問題として、失われたニューロンは元に戻らないため、命をとりとめても、障害を受けた脳の箇所によって、思考や運動機能が元通りにならない後遺症が現れる危険性があります。

脳卒中の後遺症

脳卒中の症状としては、左右どちらかの顔や手・脚に麻痺が起こる、あるいは言葉が出ない、感覚消失などが見られます。これらの多様な症状は、脳内のどこで血管の梗塞や出血が起こり、脳の特定部位が機能できなくなったかを示しています。脳卒中の症状は大脳の機能分担を反映しているのです。

まず、体の片側に症状が現れる理由は、脳が左右の半球に分かれていることと関係します。脳卒中は通常、脳の片側に損傷を起こします。そして体の麻痺は、損傷を起こした側と反対側に現れます。これは、脳から出た感覚神経や運動神経の大部分は一度延髄で交差し（錐体《すいたい》交差と呼びます）、左右を入れ替えて体に投射しているからです。

ちなみに、神経が体の中心を一度だけ横切るのは、ハエにもサカナにもヒトにも共通の決まりごとです。なぜこのような共通性があるのかはわかっていませんが、危険な刺激を感じた時に、反対側の筋肉を収縮させて方向転換して逃げる仕組みに由来するのではないかと想像されています。

なお、脳は基本的に左右対称な構造ですが、特にヒトでは利き手や、言語機能中枢が左側に局在するなど、左右差がはっきりしている機能があります。左脳の損傷によって言語障害が起きる場合があるのはこのためです。

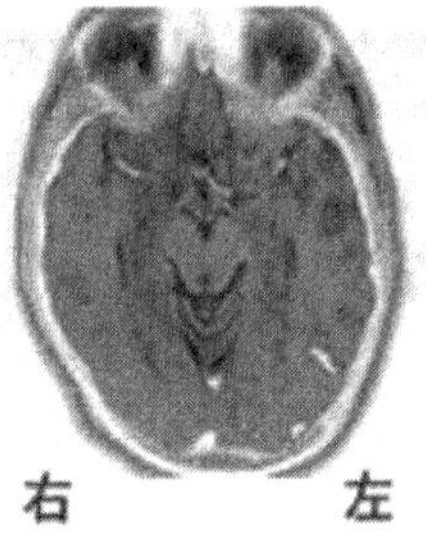

脳機能の左右差

日本語の文章を読むとき、活性化している領域を白く表示した画像。(中田力博士提供)詳しくは、web記事「人間の条件―脳と言語、そして音楽」を参照。

左右の脳で、さらにどの箇所が何をつかさどっているかは、てんかん治療のための脳外科手術の際に明らかになりました。大脳皮質の各部を電気的に刺激し、体の各部の運動や感覚を担う場所を調べたのです。これをまとめた「脳のホムンクルス（小人）」

と呼ばれる図は有名です。おおまかにいうと、脳の内側に近いところが足や胴体で、外側に手や顔の運動神経が分布します。一般的に脳卒中では、足よりも手に、腕よりも手先に麻痺が起こりますが、その理由は、それらの部分の脳血管が他の部分よりも詰まりやすいからだとされています。

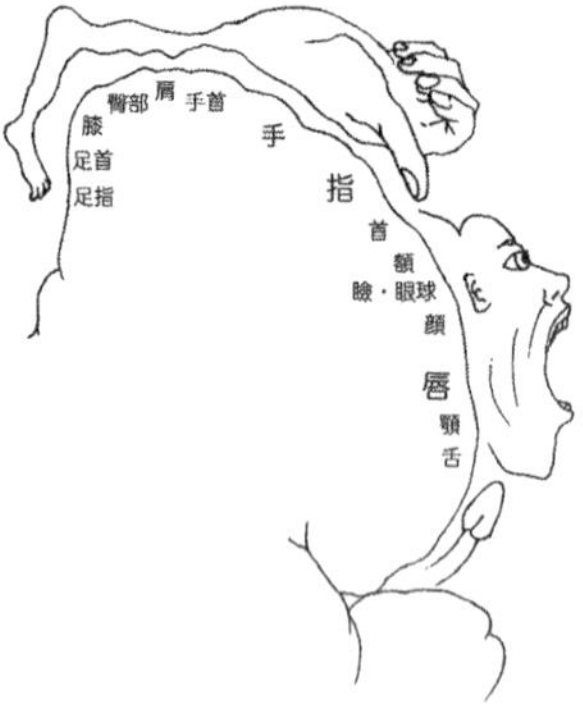

脳のホムンクルス
カナダの脳外科医ペンフィールドとボルドレイが作製した。図は、随意運動の中枢を示す。

脳卒中が脳のどこに生じたか、神経細胞がどれだけ損傷を受けたかが、後遺症が現れるかどうかを決めます。出血による圧迫や、詰まった血管をすみやかに治療すれば、弱っていた神経細胞が復活し、機能もすみやかに回復します。一方、脳卒中が重篤で多くの神経細胞が死んでしまった場合、後遺症が長く続きます。しかしこの場合でも、まったく回復が望めないわけではありません。

最近、注目されている「再生医療」は、自然に再生しない神経の病気の治療として期待されています。なんとかして機能を取り戻したいという患者の願いに応えるための医療の開発は重要であり、これもその一つです。それほど容易ではないでしょうが、いくつかの試みが始まっています。

実は臓器としての脳は、失われたものを取り替えるという再生とは違った方法で、機能の再生を行うことができます。このような脳の特徴を次に見ます。

2・2 可塑性と再生

高齢社会の問題の一つに介護が挙げられます。二〇〇〇年に介護保険制度が施行され、介護に関わる人や費用を社会システムとして補償する試みが始まっています。

この制度の基本には、個人がどれだけの介護を必要とするかという「要介護認定」があります。「生活の一部について部分的介護を要する」という要介護一から、「介護なしには日常生活を営むことがほぼ不可能な状態」の要介護五までの段階に分けられているなかで動いているシステムですが、具体的な一つ一つの例で患者と介護者の両方に、たくさんの問題があり、医療との関連でこれから考えていくべき重要課題です。

介護が必要となる原因は、骨折や痴呆などいくつかありますが、脳血管疾患（脳卒中など）が、要介護の五段階全てで主要因のトップを占めています（平成十六年国民生活基礎調査による）。脳卒中とその後遺症からの回復が、ライフステージ医療の中で〝老いる〟を考える時の最重要課題であることを示しています。この章で脳を取り上げた理由もそこにあります。

脳の再生医療

失われた器官が再生できたらよいのだがという希望は、古くから人間の心を捉えてきました。不老不死は夢だとしても、自然界を見渡せば、切れた体が元通りになるミミズ、切れた足を再生するオタマジャクシ、尾を自切し再生するトカゲなど、再生はありふれた現象です。ヒトでも、髪の毛や爪のように日常的に生えかわる組織がありますし、八割を失っても数ヵ月後に元通りの大きさになる肝臓があります。この事実はよく知られていたようで、ギリシャ神話では、神の怒りを買ったプロメテウスがハゲワシに肝臓を食べられても毎晩再生するという、人間の原罪のモチーフになっています。

しかし神経科学では、損傷した中枢神経は再生できないという経験則が強く信じられてきました。これが最近くつがえされ、成体脳に幹細胞があることが発見されたのはすでに紹介したとおりで、まだ確実ではありませんが、大脳皮質でもニューロンやグリア細胞（アストログリアやオリゴデンドログリア）に分化する細胞の存在が示唆されています。

また、損傷した軸索が再生しないのは、生体環境では軸索の伸長を阻害する因子があるためであり、神経細胞自体は再生能力を失っていないことがわかってきました。そこで、このような再生阻害の仕組みを研究し、軸索の再生を促す治療が検討され始めています。

このように内在する幹細胞や神経の回復能力に関わる新しい発見もありますが、具体的には、ES細胞（胚性幹細胞）と呼ばれる受精卵とほぼ同等の全能性（どんな器官にも分化する能力）を持つ細胞の利用が有力と考えられています。ごく初期の胚にしか存在しないES細胞を人工的に増やし、神経細胞に分化させて移植する再生医療です。

実際に、ドーパミン産生細胞という特定の機能を持つ神経細胞が失われるパーキンソン病では、胎児の神経細胞移植が効果を示すことがわかっています。移植細胞をES細胞から得られれば、機能する神経細胞が得られ、もっと効率のよい移植医療が可能になると期待されます。

一方、脳卒中などで大脳の複雑な神経ネットワークが損傷を受けた場合に、移植治療がどこまで有効かは未知数です。現在、大脳皮質の特徴を持つ神経細胞をES細胞から分化

再生はありふれた現象

web記事「生き物が語る『生き物』の物語」では、イモリを中心に、再生を行うさまざまな生きものを紹介します。

させる研究が進められていますが、このような基礎研究が医療につながるまでにかかる時間は、まだ予測できないのが実情です。

神経の機能的再生とリハビリテーション

神経細胞の再生は、不可能ではありませんが困難なことはたしかなので、多くの医学研究者がその困難さを克服する別の道を探索しています。そのなかで、以前から知られていた神経の可塑性と、脳卒中患者の医療として長い歴史を持つ「リハビリ」があらためて注目されています。

「脳のでき方」の項で紹介したように、個々のニューロンは最初から機能を持って生まれてくるわけではありません。まず、特定の標的細胞とシナプスを作り、その後機能的な刺激を持続させることで特定の機能を持つ神経系ができあがるのです。刺激が続かなかった場合に細胞が死ぬアポトーシスと、刺激し続けるシナプスの強化との組み合わせによって緻密な神経回路が形成され、機能を出すのです。

ところで、一度シナプスを形成したニューロンが、その相手を柔軟に変えることのできる「可塑性」は、脳の持つ大きな特徴です。これはもちろん成体でも起きます。学習や経験によりシナプス結合が強固になることがわかっており、また脳卒中や事故によって脳の相当な部分が失われた場合は、生き残った神経が新しいシナプスを作って機能的な回復を図ることもわかっています。年をとってからも刺激は重要なのです。

麻痺から回復した患者の脳を調べると、手や足を動かす際に健常な人とは違う部分の脳が活性化することが明らかになっています。そこで、どのようなリハビリが脳の可塑性を十分に引き出すことができるのかを考える、ニューロ・リハビリテーション（詳しくは、以下の書籍などを参照。『脳から見たリハビリ治療：脳卒中の麻痺を治す新しいリハビリの考え方』（久保田競、宮井一郎：講談社ブルーバックス））という概念が出されました。この研究から、脳卒中から回復した後のすみやかなリハビリ環境の必要性や、長期のリハビリの有効性が検証されています。

以前ならあきらめられていた症状も、回復の可能性があるのです。再生医療の研究者も、仮に神経細胞の移植が可能になったとしても、移植したニューロンが機能を獲得するまではリハビリを行う必要があると考えています。

麻痺からの回復

web記事「心理学の新しい流れ―生態心理学」では、生態心理学の研究者と著者（中村）との対談の中で、心理学から見たリハビリテーションの可能性について言及しています。

脳は機械か？

生活の中で「コンピュータ」に慣れ親しんでいるために、「脳とコンピュータは違う」と心の中では思っていても、つい壊れた部品を交換するように脳を治せないかという希望を抱いてしまいます。

脳のシステムのネットワークとしての理解はまだほんの入り口に来たという状況ですし、ハードウェアとしての「脳」の理解も、まだまったく不十分です。研究をすすめるということはもちろん理解を進めることなのですが、より複雑な問題に出会うことでもあります。脳研究の中で、以前はニューロンの補助組織と考えられていたグリア細胞が、脳の機能に積極的に関わっている可能性があることがわかってきたのがそのよい例です。脳には幹細胞があり、中枢神経の軸索も再生能力がないわけではないのに、なぜ私たちの脳は（肝臓と違って）組織的な再生ではなく、機能的な再生の方を選んだのか、これも脳という臓器の特殊性を反映した興味深い、しかし難しいテーマです。じっくり考えてみることが必要です。

患者を目の前にして、早く健康にしてあげたいという希望を持つのが医師の気持ちでしょう。患者もそれを求めています。しかし、生きものの体は複雑なシステムです。じっくり取り組むことも重要だということを忘れてはなりません。

　脳について多くの方が関心を持つのは、他の生きものに比べてとくに大きな大脳を含む脳のはたらきが、多様な生きものの中でのヒトを人間という特別の存在にしている大きな要因であり、自分という存在を象徴するものであると感じているからでしょう。そしてその脳について、少しわかってきはじめたという状況が、知的好奇心をかき立てます。

　脳が常に活発にはたらいているように努めることがいきいきと生きることの基本であることは事実であり、痴呆症の予防や治療にとどまらず、脳を活性化することは医療の面から見ても重要です。しかし効果を急ぐあまり、脳のはたらきをあまりにも単純な因果関係の中に置くことには疑問があります。

　たとえば、脳の老化を防ぐために、計算問題を解くことが効果的と話題になっています。しかしこれは話を単純化しており、この療法を認める脳研究者も、計算ドリルを繰り返していさえすれば痴呆症が改善されるわけではないと注意しています。専門家による適

脳はコンピュータではない
ｗｅｂ記事「人間の脳って特別？」では、脳研究者と著者（中村）との対談の中で、脳とコンピュータのアナロジーについて言及しています。

切な指導のもと、成果を褒め、その題材・教材の周囲にあるテーマを話題に話をすることなどが必要だとされています。また、ほほ笑みかけながらのコミュニケーションを繰り返すことで、症状が改善されるという報告もあります（国立精神・神経センター神経研究所モデル動物開発部部長　中村克樹氏『ScienceMail』インタビュー「非言語コミュニケーションの脳内機能メカニズム」〔森山和道　編集・発行〕より）。

つまり、ここで大事なのはむしろ、さまざまな話題を考えたり話し合ったりすることにあります。家族の中での話し合いもなしにドリルを繰り返すという時間のとり方が、はたしてよりよい生き方につながるのか。また、脳の活性化という言葉が一人歩きして、子どもや若者までがドリルに向かうのはどうでしょう。自然の中で、新しいものに出会い、けがをしない方法を探りながら遊んでいる時のほうが、はるかに脳は、複雑なはたらきをしているはずです。人間を総合的に、また一人ではなく関係の中に置いて考えず、単純な因果関係を科学的と捉え、日常の知恵より上質な回答と見るのは、むしろ弊害のほうが多いのではないでしょうか。

二〇〇六年四月に施行された介護保険法では、リハビリ医療の保険適用期間に百八十日という上限が設けられ、医療関係者から疑問の声が上がっています。脳梗塞を患われた免疫学者の多田富雄さんは、「リハビリは単なる機能回復ではない。社会復帰を含めた、人間の尊厳の回復である」（二〇〇六年四月八日付朝日新聞など）と、強く懸念の声を上げられています。

物事を単純化して考えるのは、私たちの脳が持つ問題解決能力の一つではあります。現代文明を支える機械の開発は、この考え方が支えてきました。しかし、生きものは複雑なものです。その中でも人間は、そして人間が作る社会は複雑です。生きることを考える医療の場ではもっと複雑さに眼を向け、複雑さを面倒がらないことが重要です。「老いる」とはまさに、生きているという複雑な仕組みが、時間経過とともに複雑に変化していく過程であり、脳の老化もその一つの要素なのです。

ただ若さを保つことを目的にするのでなく、年齢に合った生き方ができるようにする医療。ライフステージ医療はそのような考え方をしています。

複雑さに眼を向け

ｗｅｂ記事「『野生の科学』の可能性―イヌイトの知識と近代科学」では、近代科学とは異なる方法で複雑な自然と向き合う「イヌイトの科学」について紹介します。

第五章　死ぬ

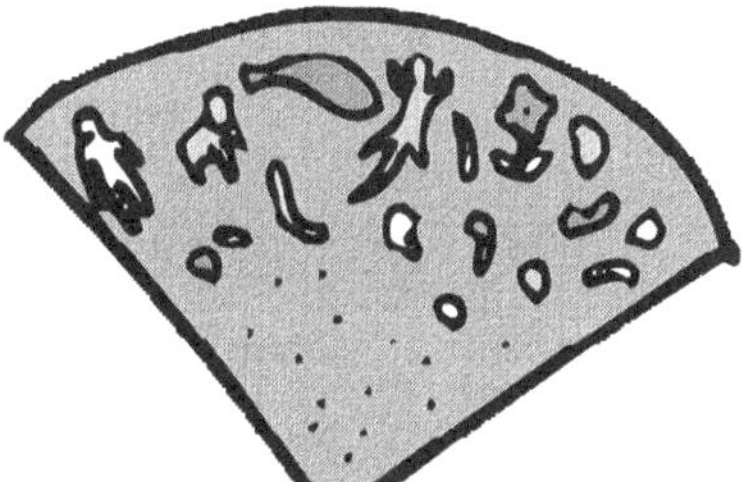

「生まれる」で始まったライフステージも、「老いる」を通って、いよいよ「死ぬ」に到達しました。日常生活の中での死は、恐いもの、いやなもの、できれば巡り合いたくないものです。しかし私たちは死を免れることはできません。ライフステージ医療では、老いるの後に死を置いていますが、若くして病に倒れたり、事故に遭うなど不条理に思われる形で死に向き合う場合も少なくありませんし、その場合の方が問題は多いということを意識しながら、死を考えていきます。

仏教では、人間が生きていくうえで避けることのできない苦しみを「生老病死《しょうろうびょうし》」の四つとしています。この四つは自分自身のこと、あるいは身近なこととして考えるほかない事柄で、医療従事者は、患者と家族、それぞれの生老病死に職業として関わることになります。最近では、脳死のような「新しい死」も出現し、社会として「死」をあらためて考えなければならない状況にあります。

死にはもう一つ、大きな特徴があります。自分自身の死、つまり一人称の死は、最も関心の高いものでありながら、自らの体験としてそれを語ることはできないということです。家族や知人の死、つまり二人称の死、一般論としての三人称の死が日常の中での死です。とくに二人称の死は、間違いなく重い課題です。

そこで、ここから逃げるのではなく、少し新しい視点を提起しようとするのが、生命誌を通して死を見るということです。つまり、生きものの歴史の中でこれを考え、少し離れたところから見つめるのです。これは、たんに死を「客観的に」捉えるということではなく、自分とつながる生きものが死と関わってきた歴史を知ることで、二人称の死や自分の死の迎え方を考えようという提案です。

1 「死」の進化

なぜ生きものは死ぬのかという問いは、誰もが一度は持つものです。いつ頃からそれを考えるか。小学校高学年の生徒さんからの手紙に、死について考えたというものが複数ありましたから、十歳前後には考えていることはたしかなようです。中には、死のうと思ったという手紙もあり驚きましたが。

科学は「何が（what）」「どのように（how）」なるかということを考える学問であり、「なぜ（why）」に答えることはできません。哲学・宗教などの中でこの問題を考え続けることは大事であり、科学の成果もそれを考えるための材料として大事な役割をします。答えはないのかもしれないけれど、考え続けることが重要です。〝生きる〟を巡る課題はみな、そのようなものなのではないでしょうか。最近の研究が「生きものの歴史」の中での死の位置づけを明らかにしていますので、それをまず見ていきます。それが、死の持つ意味を考えることにつながると思うからです。

「生きものにとっての死」という側面だけで、人間の死を捉えることができないのはもちろんです。とくに医療は、個人と向きあう行為です。これについては、人間が死ぬというプロセスを考えた脳死問題を例として考えます。

1・1 生命の歴史から生と死を見る

生きものには、階層性があります。死という現象にも階層性があり、細胞の死、組織の死、個体の死、種の死（絶滅）などいくつかのレベルに分けて考えることができます。「私」にとっての死は個体の死ですが、この仕組みがどのようにして生じてきたのか、生きものの歴史をひもとくと同時に、さまざまなレベルでの死にも眼を向け、死とは何かを少し広い視野で見ることから始めましょう。

生命誕生と原核生物――自己複製系の登場

現在確認されている最古の生命の痕跡としては、三十八億年前のグリーンランドの堆積岩中に生命体が代謝したと見られる炭素が発見されています。この時、すでに生命体が活動していたとするならば、それ以前に最初の生命体が誕生していたことになります。

地球の誕生が四十六億年前ですから、それから数億年の間に生命体が生まれたことになります。数億年は日常の時間と比べたらとても長い時間ですが、これだけの時間で生命体という〝特別なもの〟が生まれたと考えると、よくそれだけの時間でできたものだとも思います。

最初の生命体がどのような形をし、どのような生き方をしていたかはわかっていませんが、現存する生物から類推すると、原核生物の一種（バクテリアに近い）だと考えてよいでしょう。地球に誕生した生命体は、その後、地球環境を劇的に変える役割を果たしました。

三十五億年前のものと思われる石英の気泡の中には、メタン産生菌が作ったと思われるメタンガスが閉じこめられていることが報告されました。メタン産生菌は、水素と二酸化炭素を反応させて生じるエネルギーで生きており、その廃棄物がメタンガスです。メタンガスは二酸化炭素以上の温室効果をもたらす性質があり、地球の温度を一定に保ち、生きものにとって住みやすい環境を整える能力を持っているので、メタン菌の存在は、生きものが存続する可能性を高めたでしょう。なお当時の大気には酸素はなく、全ての生物は嫌気的な環境（無酸素状態下）に適応していました。

その後、太陽光のエネルギーを利用し、水と二酸化炭素から炭水化物を合成するシアノバクテリアが誕生しました。光合成の始まりです。光合成の過程では水を分解するため、廃棄物として酸素が生じ、大気中の酸素濃度がしだいに高くなりました。さまざまな分子と反応し結合する酸素は生物にとっては有害な、厄介な分子ですが、やがて酸素が持つ高い反応性を利用して有機物を分解し、エネルギーを取り出す「呼吸」能力を持つ生物が登場しました。こうして、地球の生態系とそれを支える環境が徐々に現在のような姿になってきたのです。

このように大きな環境の変化をもたらした生命の歴史は、原核生物の多様化という形で進みました。原核生物の生き方は、現存の大腸菌などを見ると、栄養条件がよければ迅速にゲノムを複製し細胞分裂を行うというもので、「ひたすら生きる」という生き方といえます。細胞分裂によって増えた個体はまさしくクローンであり、生命体の誕生とは、地球上に「自己複製系」という新しいシステムが現れたことといってよいでしょう。

原核生物には、厳密には私たちのような唯一無二の「個体」という概念は当てはまりません。また、細胞が分裂した娘細胞が次世代を作るのですから、世代交代には個体の死が伴いません。もちろん、「事故」で細胞が損傷したり、栄養分の不足で生存が不可能になるという形での「死」はありますが、生きることは全て「死」を伴うという仕組みはなかったのです。つまり、生命の歴史の始まりには、「死」が存在しなかったといってよいのです。

自己複製系の生命世界が十五億年あまり続いた後、細胞の構造を大きく作り替えた生物が現れました。二十三億年前、真核生物の誕生です。

真核細胞の登場

抗生物質（第一章1・2節）の項で紹介しましたが、同じ生物でありながら、原核生物と真核生物では基本的な生き方の仕組みに大きな違いがいくつか見られます。

光合成の進化

web記事「光合成―生きものが作ってきた地球環境」では、光合成の仕組みとその起源について詳しく紹介します。

進化の過程のなかで最大の変化の候補には、いくつかの事柄が挙げられます。生命誕生はもちろんヒトの誕生もその一つといえるでしょう。ただ、生物の生き方を研究している立場から見ると、真核細胞の誕生が最も大きな変化といえると思います。これがなければ、微生物だけの世界であり、私たちの身のまわりの生きものたちは生まれなかったでしょうし、もちろん私たち人間もいなかったでしょうから。

原核細胞から真核細胞への変化は、細胞のミクロな構造の比較から、ある程度説明可能であり、なかでも有力なシナリオは「細胞内共生説」です。

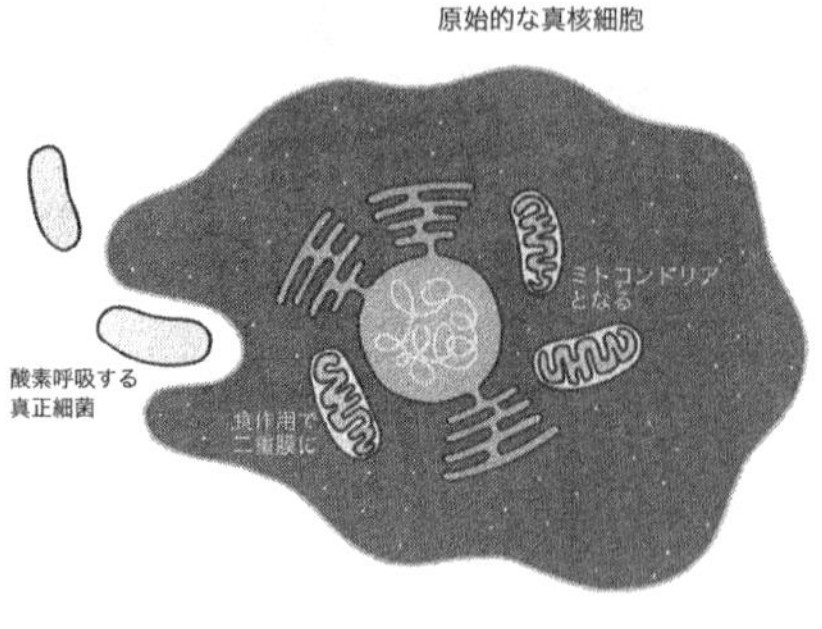
原始的な真核細胞
ミトコンドリアとなる
酸素呼吸する真正細菌
食作用で二重膜に

細胞の共生説

現存の原核生物には、大別して真正細菌と古細菌の二種があります。メタン産生菌は古細菌の仲間で、大腸菌やシアノバクテリアなどは真正細菌に属します。古細菌の細胞膜の組成は真核生物の細胞膜によく似ていて、真正細菌の膜組成はミトコンドリアによく似ています。DNAの性質を見ても、核は古細菌、ミトコンドリアは真正細菌に近いのです。

そこで、古細菌の膜が入り込んでゲノムを囲い核を持つようになった細胞が、好気呼吸を行う真正細菌を取り込みそのまま細胞内での共生関係が成立したのが真核細胞誕生のきっかけと考えられています。

古細菌が真正細菌を餌としてとり込み、消化しなかったために共生することになったとも、宿主となったメタン産生菌と好気性細菌の間に代謝物を巡る共生関係があったとも想像されていますが、詳細はよくわかりません。いずれにしても、細胞内共生の成立と核の形成は前後して起きており、取り込まれた側のDNAのうち、生存に必要のないものは消えたり、一部は宿主ゲノムに移動しました。

こうしてミトコンドリアができていったのですが、さらにミトコンドリアの獲得以降に、シアノバクテリアが真核細胞に共生して誕生したのが植物細胞の持つ葉緑体です。

自己創出系の誕生

真核生物の誕生は、核や細胞小器官といった構造の変化だけでなく、生きものが続いていくシステムの根本的な変化にもつながりました。一つの細胞に、二セットのゲノムを持つ二倍体の生物が誕生したのです。

原核生物では、基本的に細胞一つにゲノムが一セット入っています。接合現象も見られ、DNAの移動もありますが、二つの個体がお互いのゲノムを交換し合うことは次世代を作るのに不可欠ではありません。基本はあくまでも、一つのゲノムが正確に複製されて細胞が分裂する、自己複製系です。

真核生物も最初は、細胞の中にゲノムが一セットの自己複製系が基本だったようです。現在でも生活史の大半を一倍体で過ごす単細胞真核生物の仲間がアメーバや藻類などの原生生物を中心に数多く存在しています。これら一倍体の真核細胞が持つユニークな性質が「接合」です。すなわち、細胞が融合して一体化し、二セット分のゲノムを持つ二倍体細胞を生み出す能力です。

二倍体ゲノムの意味は何でしょうか。教科書的にはn+n=2nと記述されることが多いのですが、単純に「量が倍になった」だけと早合点してはいけません。実際には二つのゲノムはまったく同じものではないのです（ゲノムのDNA量が二セット分になったという意味で二倍体といいますが）。二つの細胞に由来するゲノムが一つの細胞に同居すると、お互いのゲノムやその遺伝子産物（タンパク質）が相互作用しあうので、そこには新しいゲノムシステムが誕生します。つまり二倍体細胞は、ゲノムを正確に複製するという仕組みはそのままに、ゲノムを二セットにし新しい組み合わせを積極的に生み出す自己創出系を生み出したのです。

一倍体（ゲノムを一セット持つ）細胞が二つ融合して二倍体になるといえば、誰もが思い浮かべるのが卵と精子による受精卵の形成でしょう。つまり、ここで性が誕生しました。人間も含め、私たちに身近な生きものは皆、この仕組みで動いています。「生まれる」の章で扱ったように、この受精という仕組みで、唯一無二の個体が生まれるのです。

自己創出系がいつ生まれたのかははっきりしませんが、真核生物の誕生から、多細胞生物が生まれる十数億年前までのどこかでしょう。

この自己創出系は、性とともに、これまでになかった性質を生物にもたらしました。死です。

性とともに死が

一倍体細胞は、原核細胞でも真核細胞でもほぼ無限に分裂できる性質を持っています。ところが二倍体細胞では、その分裂に限界があり、ある回数を過ぎると細胞周期が停止し、結局、死に到ります。この分裂限界は、発見者のアメリカの細胞生物学者の名にちなんでヘイフリック限界と呼ばれ、細胞がたどるこのような非可逆的な変化のことをセネッセンス（senescence 細胞老化）といいます。つまり、二倍体細胞は細胞分裂だけでは続くことができません。

そこで現れたのが接合という仕組み、つまり二倍体細胞を一度一倍体に戻して、別の個

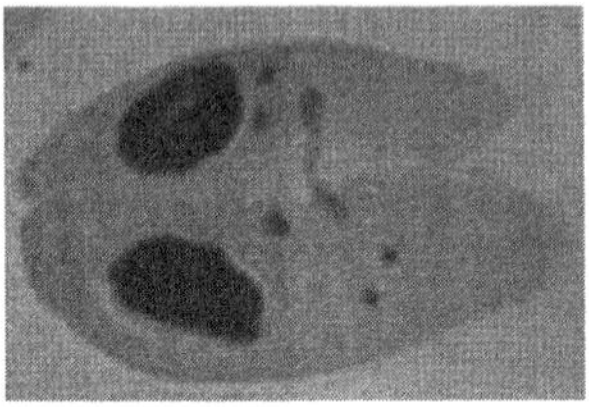

接合中のゾウリムシ

大きく染まっているのが大核。接合面中央の細胞口のあたりに、両方の細胞をつなぐような形で染まっているのが、交換中の減数分裂した小核。（見上一幸博士提供）詳しくは、web記事「私の『生』・ゾウリムシの『性』」を参照。

体のゲノムと一緒になるという方法です。先に述べた受精がその一つとしてなじみ深いものですが、生命の歴史の中でのこの仕組みの原点を知るために、接合を行う代表として、単細胞真核生物の繊毛虫ゾウリムシの生活史を見ましょう。

ゾウリムシは、一つの細胞に大核と小核という二つの核を持つ、ちょっと変わった生きものです。大核も小核も同じゲノムから出発したものですが、小核は完全なゲノムを保持しながら不活性な状態にあります。一方、大核の中にあるＤＮＡは細胞の生存に必要な部分が増幅され、それ以外のＤＮＡが脱落したものです。増幅されたＤＮＡは活発に転写され、細胞を支えています。つまりゾウリムシは大核のＤＮＡのはたらきで生きているのです。

ゾウリムシは通常は分裂で増えますが、五百回ほどで分裂限界がきます。この限界がくる前に個体同士が出会うと、接合が始まります。接合に際してそれまで眠っていた小核が減数分裂を始め、自分の細胞に残る核（n）と相手の細胞に移動する核（n）とになります。接合後には、自分の核（n）と相手の細胞から渡ってきた核（n）が合体して新しい

2nの核が誕生し、これが複製されて「次世代の」小核と大核が作られます。細胞内にあった古い大核は収縮し、やがて消えていきます。

ゾウリムシの細胞内の大核と小核はそれぞれ、「はたらくゲノム」と「続くゲノム」という分業をしているのです。私たちのような多細胞生物では、体細胞が「はたらくゲノム」を持ち、生殖細胞が「続くゲノム」を持つという形で分業をしていますが、それを一つの細胞の中で行っているわけです。体細胞と生殖細胞の分業の前奏曲といってよいでしょう。

二倍体になった真核細胞は永遠には分裂できず、性の仕組みで一倍体に戻ることによって死を克服し、次の世代へとつながることになりました。この仕組みのうちのどの部分が最初に起きたかという課題は、ニワトリと卵の関係と同じ堂々巡りをもたらし、答えるのが難しい問題です。はっきりしているのは、真核細胞が誕生して以降、多細胞生物が登場して、生きものは爆発的に多様化したことと、「個体」がゲノムの混ぜ合わせによるたった一回の試みとして生まれる唯一無二の存在になったことです。

現在、私たちが日常眼にするのは多細胞真核生物（動物・植物・菌）ですから、生とともに死があると考えるのが普通ですが、死は生命誕生とともに存在したのではなく、三十八億年の歴史の中での大きな工夫である性とともに生まれたものなのです。

多様性、個体の独自性のように、私たちが生きものの本質と受けとめている性質は、死という代償とともに生まれたともいえます。生命の歴史の中で死の持つ意味がわかったからといって、死が簡単に受け入れられるようになるものではないでしょう。しかし、死がただ無意味にあるのではなく、新しい形の生を支えるものとして生じてきたのだという認識を持つことは大事です。

1・2 脳死を考える

医療はどうしても患者の死に立ち会わなければなりません。現在の日本の法律では、いわゆる心臓死を基準にして死亡時刻を決めています。そもそも日常の中での死は、けっして瞬間的なものではありません。生きることがプロセスであるのと同じように、生から死への移行もプロセスです。それは亡くなる人にとっても、その家族など二人称の死に向き合っている人にとってもいえることです。

死期が近づいている状態の身近な人を前にして、それを認めたくないと思う気持ちを持つ一方で、ある覚悟のようなものが生まれてくるのもたしかです。別れの気持ちが生まれてくる。また一方で、医師から臨終を告げられてもまだ少し赤みのある頰を見て、生きていると思いたい気持ちが湧いてきます。死をどう受け入れるか。気持ちは揺れて、行ったり来たりします。さらに付け加えるなら、すでに亡くなった人でも大事な人の場合、気持ちの中にはいつまでも生きているということも体験します。

もちろん、法治国家で暮らしている限り、約束事としての死亡時刻は重要です。とはいえ、社会での約束事として受け入れるべきことと、本音とがずれるのもしかたのないことです。二人称の死は、とても個人的なものですから。その中で心臓死よりもさらに複雑な脳死という問題が起こりました。

一九九七年、日本で臓器移植法が成立し、先進国としては最も遅れて脳死の定義が法制化されました。この法律が成立するまでの間、有識者で組織された臨時脳死及び臓器移植調査会(脳死臨調)が中心となって、死についての議論がありました。この会は、どのような時を脳死と判断するかという、脳死の定義を議論する場として設けられたものでしたが、そこではなぜか「脳死は人の死か」という議論をしてしまいました。生殖医療のところで、人間の始まりはいつかという議論を長い間続けたけれど、答えは出なかったという例をあげました。死も同じことです。約束事を作るほかありません。

死をどのように受けとめるかということは個人の気持ちであり調査会の少人数が決めるものではありません。しかし臓器移植、とくに心臓移植の実施を認めるとすれば、社会での約束事として脳死を認めなければならない、その時にどのような状態を脳死とするのかということは決めなければなりません。これを議論するのが脳死臨調の役割でしょう。生や死について考えるとき、それが重要で難しい課題であるがゆえに、このような場面で生命倫理という言葉が使われ、答えを出そうとするというような間違いを犯してしまうことがよくあります。これは気をつけなければならないことです。

法制定後しばらくは、「脳死判定」が実施されるたびに大きなニュースになりましたが、法制定後十年たち、その間の脳死判定は五十例余という状況です。

脳死は科学技術の関わる新しい医療の問題です。死と医療の関わりを脳死という切り口から考えてみます。

人間か物体か

医療の場での「死」について考えるにあたり、すでに「死」が訪れた人間、つまり「遺体」に眼を向けてみましょう。

日本の医学教育では「解剖実習」が義務づけられており、模型やコンピュータによるシミュレーションではなく、実際の人体解剖で医療のための基礎知識となる人体の構造を学ぶことになっています。さまざまな人生を生きた個人の遺体を深く見ることで、ヒトの構造の多様性と共通性を知るのです。

この解剖実習の意味について、体の部分の知識を得ることだけではなく、「医療に携わる者が必要とする感覚」の原体験となると考える解剖学者の坂井建雄先生の言葉を紹介しましょう。

「解剖実習は、四人一組が助け合いながら進めていきます。解剖は医師になる人にとって非常に大切な作業ですが、解剖の作業に入ってしまうと対象を人間と実感している状態は意外に乏しいのです。四ヵ月間の実習の中で、人間を強く感じる時が三回あります。一回目は初日で、解剖台の上のご遺体を前にした時。私たちはこの時間をとても大切にしています。ご遺体にメスを入れて皮膚を外していくと、いつの間にか人間が消えていきます。あとは物体の操作になり、内臓がつぎつぎ現れます。首より下の方が終ると今度は顔を解剖させていただくのですが、覆いをのけた時、また人間を強く感じます。首から下を隠して顔だけ見ると人間で、首を隠すと物体というとても奇妙な感覚です。両方をいっぺんに見るとなんか落ち着かない。私自身もそうです」

「何十年も解剖をしていますが、いまだに落ち着きません。でも意識を集めてメスの作業に集中します。顔の皮膚が取れるとまた人間らしさが消えて、落ち着きが戻ります。解剖が終ったあと、最後にお棺におさめて棺の上に故人のお名前を貼るのですが、その時にまた改めて人間を実感します。その三回の経験、つまり人間でありながら物体であるというその奇妙な感覚が、医療に携わる者が一番必要としている感覚なのかなと思います」

医師が患者に診断を下す時、あるいは高度な手術を行う時などには、対象を機械のように見ることで適確な処置が可能となるということは理解できます。一方で、医療は人間を扱うという面を失ってはなりません。人間と物体の間を行ったり来たりする感覚を持ち続けること。この必要性の認識は実際に医療に、そして医学教育に携わった経験があってはじめて生まれるものであり、体験のないものにはわかりません。この言葉は医の本質を具体的に教えているものとして、深く心に刻みたいと思います。

生体としての死は、心臓死あるいは脳死の適用範囲という形で議論することが可能です。しかし医療は個人を対象とするものであり、そこでの死を見届ける医師は、一般的な人間、つまり生きものとしての「死」と、個人としての「死」の間を行ったり来たりする感覚を持ちながら、専門家としての対処をしていくのだということが坂井先生の言葉にこめられています。

脳機能から死を考える

これまでの医学が採用してきた死の定義は、死の三兆候と呼ばれる呼吸の停止、瞳孔の散大および対光反射の喪失、心拍動の停止でなされてきました。いわゆる心臓死です。これに対して、脳が身体・精神の統合性を保つ器官であることを重視し、脳の機能停止を死と定義するのが「脳死」です。

なぜ近年になって脳死が問題となり始めたかは次項で詳しく述べることとし、まず「脳死」の考え方を見ていきます。

前述したように、死には階層があり、ある臓器が全くはたらかなくなってもそれがそのまま個体の死につながるとはかぎりません。しかし、心臓が停止すれば全身に血液が運ばれないのですから、多くの臓器が機能しなくなり、個体の死につながります。そこで現在は心機能の停止を死の基準としています。

ところで、外傷・脳卒中などのために脳の機能が停止する脳死も個体の死につながりま

医療に携わる者が必要とする感覚

本文で紹介した坂井建雄先生の言葉は、ｗｅｂ記事「語りきれない人体とゲノム」で全文が読めます。

すが、人工呼吸器による生命維持を行えば脳の機能だけが停止している状態が続くので、「脳死」という状態が表面化してきました。しかもこの状態は、後述する臓器移植との関連で関心を呼ぶことになりました。前章で見たように脳はいくつかの機能・構造の分担があり、基本的な生命活動の中枢である脳幹（延髄、橋、中脳、間脳）と、高次精神活動に関わる大脳などそれ以外の領域の機能喪失とを分けて、脳死を考えるのが通常です。

「全脳死」は、大脳・小脳・脳幹の全ての機能が不可逆的に停止した状態を指します。脳死を人の死と定める国では、脳死として全脳死を採用することが多いのです。これに対しイギリスなど、脳幹の機能喪失をもって脳死と定義する国もあります。脳幹は外傷に強く、一般的には、大脳死の後に脳幹死が認められることが多いからです。どちらの場合も、人工呼吸器で生命維持を行っても、いずれ心停止にいたるのは避けられないと考えられています。

もう一つ、大脳が機能を失っていても、呼吸をつかさどる脳幹は生きている「植物状態」と呼ばれる状態があります。意識はありませんが（外界に対する反応が全くない状態とされてきたが、ｆＭＲＩを用いた観察から、言葉に対して健常者と同じように反応する部分があるという報告もある）、人工呼吸器は必須ではなく、栄養補給を続ければ生命が維持される状態です。大脳の機能のない状態を人格の喪失と捉え、これも脳死と考えるという意見がないわけではありませんが、これは少数派であり正式に採用している国はありません。

脳死の判定基準は多くの国で共通しており、次の五つを満たしていることが条件となります。

1. 痛み刺激に反応しない深い昏睡
2. 自発呼吸の完全停止（人工呼吸器をはずす無呼吸テストにより調べる）
3. 瞳孔が固定し、光に反応しない
4. 角膜反射、咳反射、前庭反射などの脳幹反応の消失
5. 脳波が平坦であること（大脳機能の喪失）

このような脳死状態に陥ると、脳機能が不可逆的に停止し、二度と元には戻らないというのが、脳死を死とする医学的な根拠です。

ただし、脳死がただちに心停止になるわけではなく、一週間以上、心臓が動いていることが多いのです。まれなケースですが、十五年にわたって人工呼吸器をつけて「生存」したという報告があります。脳死状態で体温が維持されたり、汗を流したり、出産した例もあります。これらは、脊髄の機能に依存する反射と考えられていますが、手足を自発的に

動かすなど複雑な運動を見せることもあります（この現象は、イエス・キリストが蘇生させた人物の名を取ってラザロ兆候 Lazarus' sign と呼ばれています）。

脳死状態が続いた脳は、たとえ心臓が生きていても崩壊していくとされていますが、外見上は「生きている」と見える場合が多く、多くの人にとって伝統的な死生観と合致しにくいものであるのはたしかです。では、なぜ「脳死」を「人の死」とする議論が生まれたのでしょうか。

臓器移植と脳死

伝統的な死の定義である心臓死でも、もちろん心臓の停止の瞬間に体の全ての臓器や細胞が死ぬわけではありません。しかし心機能の喪失は、「もう死者が生き返らない」という文化を超えた経験則でもあり、遺族が最期を看取り、死を受容していく過程の始まりとして、受け入れられています。しかし医療の科学技術化により登場した臓器移植がこのような伝統的な死の受容に変化を求めたのです。

他人の組織を移植する試みは、皮膚、角膜などで十九世紀から試みられていました。二十世紀に入ると、血液のＡＢＯ型が発見され、輸血が可能になりました。輸血も移植の一つと考えるという視点は重要で、軽々しく輸血をすることは避けなければなりません。

その後、腎臓など特定の臓器の機能が失われた患者に、羊や豚などの家畜や、人間の遺体から摘出した臓器の移植が試みられました。いずれも強い拒絶反応が起こり治療そのものは失敗でしたが、注意深い観察から、患者側の拒絶反応が異物に対する免疫記憶と類似していることがわかりました（最初の移植で拒絶反応が起きたあと、二回目の移植では拒絶反応がより早期に観察される。これは、移植された側が移植臓器に対する免疫を獲得したのではないかと考えられた）。そこで移植臓器の拒絶は免疫によると想定し、免疫抑制剤が開発されました。外科手術の技術も改良され、肝臓や膵臓については、移植臓器の定着が見られ、患者の術後生存期間も延びていきました。

そのなかで全世界の注目を浴びたのが、一九六七年に南アフリカで行われた心臓移植です。一例目は十八日間生存が見られ、翌年の二例目は九ヵ月間生存したのです。この後、世界中で心臓移植が試みられることになりました。

ただ、ここに大きな問題があります。心臓を移植するわけですから、「心臓死」の遺体から臓器を摘出しても役に立ちません。そこで注目されたのが、前項で述べた心臓は生きていても脳が死んでいる「脳死」状態です。つまり、脳死は歴史的経緯としては臓器移植の必要性から登場したものなのです。

初期の心臓移植は、手術そのものは成功したように見えても、最終的には拒絶反応が原因で患者が亡くなることが避けられなかったため、やがて下火になります。その後、サイクロスポリン（T細胞の活性化を阻害する作用を持つ）など効果的な免疫抑制剤の開発が進み、一九八〇年代後半から再び臓器移植が盛んになってきました。アジア・アフリカを除く多くの国ではこの時期に脳死を個体死とする法整備が進みました。

日本では一九六六年にはじめて実施された心臓移植が、脳死の確認不足があったのではないかとの批判から執刀医師が殺人罪で告訴されるという事件になりました（担当医の名前から「和田移植」と通称されています）。このため、脳死を死と定義して臓器を摘出し、移植するという行為への不信が長く続き、脳死や臓器移植に関わる法整備が遅れました。この間、肝臓、腎臓については肉親からの生体移植が進み、心臓移植は海外で治療を受ける例が増えてきました。一九九七年に日本で臓器移植法が成立したのは、このような背景があってのことです。

この法案の成立後、心停止後の提供が可能な腎臓、膵臓、角膜に加えて、脳死後の心臓、肝臓、肺、小腸の摘出が認められるようになりました。

脳死をどう考えるか

事故などにより臨床的に脳死状態になっているとされる患者数は、年間三千〜四千件とみられています。一方、臓器移植法に則った法的脳死判定は、これまで年間数件しか行われていません。それは、日本の法律は、本人と家族がともに臓器提供の意思があることを表明した場合のみ脳死を人の死と認めるという、世界でも異例の仕組みをとっているからです。

これは、インフォームド・コンセントと自己決定（近年、医療に対して批判が向けられているものの一つがパターナリズム paternalism である。子どものために世話を焼く父親を指す言葉から生まれた倫理学用語であり、医者と患者の関係が対等でないことの象徴として用いられる。このパターナリズムの対極にあるのが、患者の自己決定尊重といえる）という形での判断を原則とするという米国の考え方を参考にしながらも、日本社会の特殊事情として、家族の意思の必要性を主張する意見が強く出されたからです。

法的脳死判定の実施は、本人の臓器提供の積極的な意思表示（ドナーカードの所持）を前提としているうえ、たとえ本人が意思表示をしていても、家族が脳死判定の選択に疑問や不安を感じた場合はそちらが尊重されます。

心臓移植が世界的に現実の医療として実施される方向が見え、日本にも移植を求める患者が出てきたことを見て、厚生省（当時）が脳死臨調という調査会を発足させ、議論を進めたけれど、この会が、臓器移植を行えるようにするには脳死を死とする場合を認めなければならないという現実への対処ではなく、「脳死は人の死か」という議論をしてしまったということは、前述しました。その結果、脳死を人の死とする人としない人に分かれたまま議論は終わり、一九九二年に答申が出されました。

ここで対立するなら、臓器移植という医療、とくに心臓移植を認めるか認めないかであるはずです。新しい医療は、生命について考えるべきテーマを出しますが、その場合、議論すべきことは何かを明確にせずに倫理という言葉に惑わされることは避けなければなりません。

このようなあいまいな状態で一九九七年に「臓器移植法」が成立し、先に述べたような事情で、本人の同意はもちろんとしても、それ以上に家族の気持ちに配慮することになったために、現実には有効でない法律になっています。また、生前に臓器提供の意思表示を必要としているので、民法上の遺言可能年齢である十五歳を下限年齢としており、小児に合う移植は事実上不可能となっています。これらのことから、生前の同意を必要としない脳死判定や、低年齢での臓器移植に道を開く法改正が提案されています。

臓器移植でしか救えない患者があり、臓器移植を医療として進めるというのであれば、それが行えるような法でなければ意味がありません。一方、二人称の死、つまり具体的に死に向きあうことになった場合、脳死を死として認めることが難しいのも事実です。欧米でも事情は同じで、これは日本の特殊性ではないようです。たとえばアメリカ・ニュージャージー州の脳死法のように、日本と同様に脳死の拒否権を認めているところもあります。

臓器移植がなければ、脳死を死と考える必要はありません。ですから、まず臓器移植を医療の中にどう位置づけるかを考える必要があります。

臓器移植は過渡的な医療です。ある臓器がはたらかず交換が必要な状態の治療として、人工臓器を作ることができればよいのですが、臓器の機能を全て代替する人工物を作ることはたいへん難しい。現時点ではすでに人体の中にある臓器を利用するのが有効であると認めざるをえません。そこで、米国を中心に臓器移植、つまり人体の部品を取り替えるという医療は通常になってきているのです。

実はここには大きな問題があります。臓器の移植は各国の法律で、無償で行われることになっていますが、提供された遺体から取り出された皮膚や骨などを適切に処理し医療用に提供する企業は、米国でかなり大きなものになっています。さらに、腎臓などについては、移植ツアーと呼ばれ、貧しい人々から臓器を買うという行為も見られ、不適切ではないかと思われるような生体移植も起こっています（たとえば、L・アンドルーズ／D・ネルキン『人体市場』〔野田亮、野田洋子訳、岩波書店〕などを参照）。

現代の医療は経済優先の中で、人という体まで商品になってしまう状態にあり、「生まれる」から「死ぬ」までの一つ一つを丁寧に考えていくという医療の基本からはやはり離れていています。死生観は不変なものである必要はありませんし、科学技術がそれを変えることも否定できません。病気で苦しんだり、死を意識せざるをえない状況に追い込まれた人を目の前にしたとき、なんとかして助けたいと思うのは当然であり、利用できる技術があれば、それを活用したいと思うのもわかります。臓器移植も緊急避難であるとは思いますが、否定は難しい技術です。しかし一方で、人間を機械のように捉えていく医療がどこまでも進んでいったとき、私たちの気持ちはどこか落ち着かないものを感じるのではないでしょうか。

二十世紀はさまざまな機械を開発しました。医療の現場でも、多くの分析機器やコンピュータが使われています。その結果、診断が正確になったり、隠れている病気を発見するなどの効果をあげました。しかし一方、機械に頼りすぎて、患者の顔をまったく見ずにコンピュータばかり見ている医師がいるという批判も出ています。

機械は、人間が自分の能力をより有効に生かすために活用するもののはずなのに、人間が機械に支配されかねない状況になっているのが現代です。機械に求められる性質――つまり利便性、効率性、普遍性が、実は生きものの持つ性質とまったく違うので、機械を優先する考え方の中では〝生きている〟という実感は持ちにくくなります。そこでの医療は、人間を生きものとして見るものとはほど遠くなってしまいます。

もちろん生きものにも普遍性や効率性がないわけではありませんし、医学や医療は普遍性や効率性を基本に成り立っています。それでも、患者は一人一人違い、じっくり時間をかけて話を聞くことが大事ということは少なくありません。機械を活用するということが、人間を機械のように見るということになってしまったら、医療の本質であるはずの一人一人の患者を診るということを忘れ、ライフステージ医療でとくに大事にしている〝時間〟を忘れることにつながる危険を感じます。臓器移植を考える時、どこか気持ちが落ち着かなくなるのは、このような問題があるからだと思います。

科学技術や機械を、〝生きる〟を基本にする医療の中でいかに活用していくか。これを考えることが重要です。難問ですが、これに向き合うことは医療という行為には不可欠です。対象は人間なのですから。

2 医療の終わりと、つながっていくゲノム

一人の人間が生まれてから死ぬまでを見つめる医療を考えるために、医療を体の外側にある技術として見るのではなく、一生を生きる一人一人の体の中で起きていることを助けるという視点で考えてきました。具体的には、「ゲノムのはたらきを基本に人間の一生と医療との関わりを見る」というものでした。死によって個人の一生は終わりですから、ここで医療は終わりです。死んだ後はどうなるのだろうか。このような問いを考えるのは宗教の役割ですから。ただ、生きものの長い歴史の中にある「私」として生きることを考えてきた本書では、最後に、私がいなくなるということもその視点から考えたいと思うのです。

もう一度生きものの基本を考えてみます。これまでも、「生きものとしてのヒト」という感覚を大事にしてきました。生きものというシステムのはたらきを見ていると、それが最も重視していることは、継続性であることがわかります。しかしそれは、一つの個体が永遠に続くことではなく、「生きるということ」が続いていくことであることを、真核生

物の歴史の中で読み解いてきました。この継続性を支えているのがゲノムなので、ゲノムを切り口にして生きものを見てきたのです。

ゲノムは、これまで三十八億年間続いてきた実績があり、そのなかでさまざまな生きものを生んできました。その中の一つとして生まれた「私」。私を支えた唯一無二のゲノムは私の死とともに消えますが、私とつながるゲノムは、人間の中だけでなく、多くの生きものの中で続いていきます。

2・1 病気が治れば「寿命」が来る

現代の医療は延命を求めています。その延長上には不老不死の願いがあり、なかにはクローンを作ればそれがかなえられるのではないかという間違った考え方をする人まで出ています。人間はゲノムだけで決められているものではありませんから、まったく同じゲノムを持つ個体を得たからといって一つの個体が続いたことにはなりません。そのようなヒトクローンづくりは、生きものという視点からは意味のないものです。

〝生きている〟を見つめるなら、ヒトは進化の過程で性の仕組みと死の仕組みを獲得した存在であり、〝生きる〟という言葉の中に〝老いる〟も〝死ぬ〟も含まれているという事実に向き合わなければなりません。医療の役割は、不老不死ではなく、生きていることを最後まで支えることです。不死性を担うのは生殖細胞の役割であって、体細胞（個体）の役割ではありません。不老不死の願いは、生きていることの意味をしっかりと見つめていないところから生じるものです。

ところで、寿命が生物としてどのように決められているのかは、まだわからないことがたくさんあります。ここでは、個体の生を担う体細胞の寿命を見てみます。

寿命について

「寿命」という言葉は、普通二通りの意味に使い分けられています。一つは、ヒトという種はどこまで長く生きられるかという意味での、最高齢のこと。今までの記録では百二十二歳まで生きた方があり、百二十歳くらいがヒトの寿命と考えられています。このような寿命は種ごとにだいたい決まっていて、イヌは二十年、ネズミは四年半、ハエは三ヵ月などとなります。

一方、ある個体が統計的に生きると推定される長さを平均寿命と呼びます。これは生存環境をも含んだものであり、たとえば野生のネズミが一歳の誕生日を迎えることはまれでしょう。人間の場合は地域によって異なり、日本人の平均寿命八十二歳は世界一です。サハラ以南のアフリカ諸国では三十歳代と短い国が多数ありますが、人間の歴史ではこれくらいの平均寿命が長い間続いていたと思われます。

また、日本に住む私たちにとって、女性が男性より長生きするのは常識ですが（男七十八・六四歳、女八十五・五九歳。〔平成十六年度〕）、発展途上国では男女の平均寿命が近づく傾向があります。これは最初に述べたように、出産に伴うリスクで死亡する女性が少なくないことが一つの要因です。生物としての寿命を全うすることに、医療がいかに大事であるかの一例といえます。

「平均寿命」を越えた人生を考えられるということは、非常に恵まれたことなのです。

体細胞の老化と個体の寿命

二倍体細胞が特有に持つ分裂回数の限界（ヘイフリック限界）がセネッセンス（細胞老化）と呼ばれることはすでに述べました。この研究は、さまざまな年齢から取り出した細胞を培養して得られた結果であり、このような細胞の老化が個体の寿命にどの程度関連しているかははっきりしていません。ただ、個体を作る体細胞の更新に限界があることはたしかなようです。

二倍体細胞がなぜ分裂し続けることができないのかについては、いくつかの原因が考えられています。最も有力な候補は、がん細胞の項（第三章2・2節）でも取り上げたテロメアの短縮です。また最近では、セネッセンスの過程で一部の染色体が凝縮し、ヘテロクロマチンという転写不活性な構造が誘導されていることがわかってきました。この変化は細胞分裂を経ても安定であり、セネッセンスの非可逆的な進行に関係していると見られています。なお、テロメアもヘテロクロマチンも、真核細胞に特有の構造です。

細胞の老化現象に関係する要素には、DNAの傷（放射線、紫外線、化学物質などによる変異）の蓄積もあります。DNAの傷が細胞のがん化を引き起こすことを述べましたが、細胞の老化は、それを防ぐ、つまり一つの細胞がずっと生き続けることによってDNAの傷

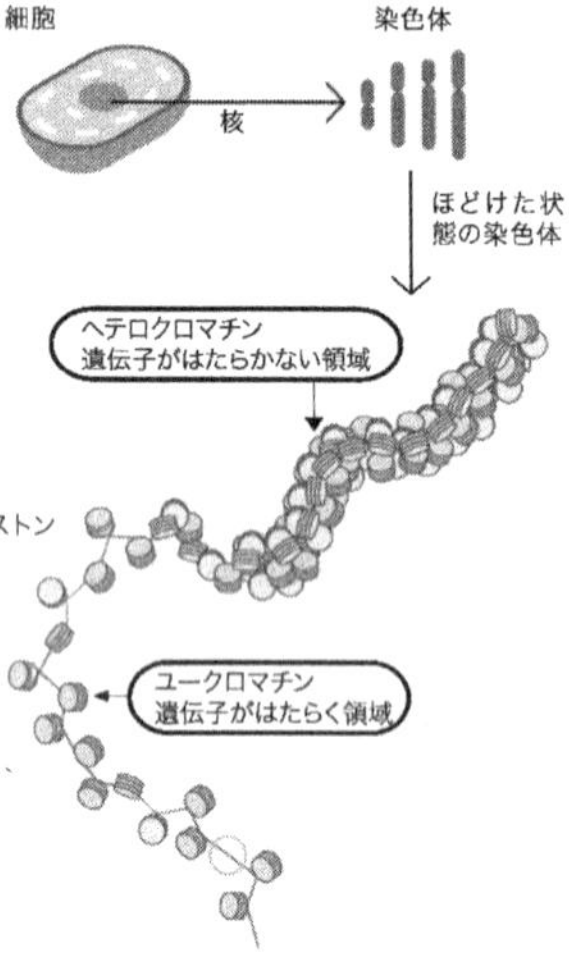

ヘテロクロマチン
真核生物のゲノムDNAは染色体として核内に存在し、DNAとタンパク質が合わさったクロマチン繊維が何重にも巻いた複雑な構造をしている。染色体全体にはクロマチン繊維が凝集して遺伝子があってもはたらかない領域（ヘテロクロマチン）と、ほどけていて遺伝子が活発にはたらく領域（ユークロマチン）とがある。染色体末端のテロメアやセントロメア付近は、ヘテロクロマチン領域になっている。詳しくは、web記事「細胞記憶を支えるクロマチン」を参照。

が蓄積しないようにしているという意味があるようです。

また、早老症患者の中に、変異によってＤＮＡ修復の仕組みがはたらかなくなっている例があることがわかりました。たとえばウェルナー症候群という、成人で発症する遺伝性早老症は、ＤＮＡヘリケースというＤＮＡ修復に関わる酵素の欠損が原因とわかっています。これは、ＤＮＡの傷を治すことが個体の老化抑制につながっている一つの証拠と考えられます。

その他、呼吸によってミトコンドリアが取り込んだ酸素が十分に代謝されないために生じる活性酸素が、細胞膜やタンパク質、核酸を酸化し傷つけていくことが細胞の「疲弊」につながるとされています。ミトコンドリアゲノムは核ゲノムに比べて変異率が高く、「老いた」ミトコンドリアが多量の活性酸素を生み出すようになり、それがさらに細胞の老化を加速させるという連鎖反応も考えられています。真核細胞がミトコンドリアを得て酸素呼吸をするようになったことが、老化を生み出す始まりだったのかもしれません。

なお、活性酸素を分解する酵素のはたらきを強くしたハエは通常のハエより四割ほど長い寿命を持つことが報告されていますが、哺乳類で同様の効果はまだ知られていません。

細胞の不死と個体の死

体を構成する細胞に「寿命」が避けられないことがわかってきました。しかし細胞の持つさまざまな性質を見ていくと、細胞は寿命にあらがっているというよりも、生き続ける（分裂する）か、死ぬ（アポトーシスやセネッセンス）かのあいだで、揺らぎながら存在していると捉えるものであるように見えます。体細胞がその寿命を放棄して不死を獲得した時、がん細胞という、個体を死にいたらしめる存在になるという事実が、細胞の本質を見せてくれるようです。医療は、生き続けることをよしとするのでなく、この揺らぎのバランスがうまく保たれるように手をつくすことなのだと思います。

死と性の仕組みを獲得した多細胞生物は、不死をたった一種の細胞、生殖細胞に託しました。生殖細胞だけが、テロメアの短縮を回避し、クロマチン構造を初期化できる唯一の細胞なのです。しかし生殖細胞は、体細胞のゲノムそのものではなく、減数分裂の過程で組み換えられたゲノムを持つわけで、個体を作る体細胞と連続的な存在でありながら、そのコピーではありません。新しい唯一無二の私を生み出す準備をしているのです。一つの個体は唯一無二の存在としての終わりを迎え、また新しいものへとバトンタッチしていくというのが生きもののありようなのです。

不死、すなわち個体の永続は、人間の純粋な欲望の一つですが、生きものは、生きものとしては続いていくけれど個体は死ぬというストラテジーを採用したのです。

近年、個体の寿命はまさに次世代を残すための仕組みの一つなのではないかという考え方も出てきました。個体の維持と生殖能力はトレードオフの関係にあることがわかってきたからです。生殖系列の細胞を除去した線虫が長生きし、ハエでは寿命を延ばす効果のある遺伝子変異が不妊の副作用を持つのです。哺乳類でも、カロリー制限は寿命を延ばし、生殖能力を減少させるというデータがあります。

生物は、厳しい自然環境に置かれた場合、生殖能力を犠牲にしてもまず生き残る（寿命を延ばす）ことを優先するように進化してきたのでしょう。個体の「寿命」を決める仕組みがあるとすれば、それは次世代を生むための仕組みの一つであって、不老不死の仕組みを秘めたものではないのです。

生殖能力を犠牲にしても生き残る

ｗｅｂ記事「自然界に捕食者が存在することの意味」では、個体の生存が生殖能力の維持に優先することを示したカメムシの研究を紹介します。

2・2 ゲノムを持って生きてきたあなた

「ヒトとしての私」という見方で「生きていること」を見ると、私たちが長い時間をかけてできあがってきたヒトという生きものであり、地球上の全生物とつながっているということが見えてきました。そして、生きものとしてのヒトと、科学や文明、文化を持つ人間の特性とを合わせながら、生老病死と向き合う医療の立場がはっきりしてきました。

「私の遺伝子」を考える

私はいなくなっても子孫に自分の何かがつながっていく。これは誰もが感じることです。血のつながりといわれていたものが、現在ではDNAという具体的なものを渡していくという実感になってきました。ただここで、「私の遺伝子」を子孫に受けつぐという考え方や、遺伝子が生きものを動かしているのであって私たちは遺伝子の乗り物であるという言い方が出てきたことに対しては、疑問を呈しておかなければなりません。

ここまでゲノムを基本に考えてきましたから、「私の遺伝子」という考え方がおかしいことは明らかでしょう。すでに、「○○の遺伝子」という言い方には問題があることを指摘しておきました（24ページ）。「愛の遺伝子」「浮気の遺伝子」「糖尿病の遺伝子」。そもそも遺伝子とはそういうものではありません。

遺伝子という単位で捉えられるのは、DNA上の機能を持った一領域であり、狭義ではタンパク質を作る情報を含む部分を指します。具体的には、体を構成するタンパク質や体内でのさまざまなはたらきを支える酵素、ホルモン、神経伝達物質などを作り出す情報を持っているのが遺伝子です。

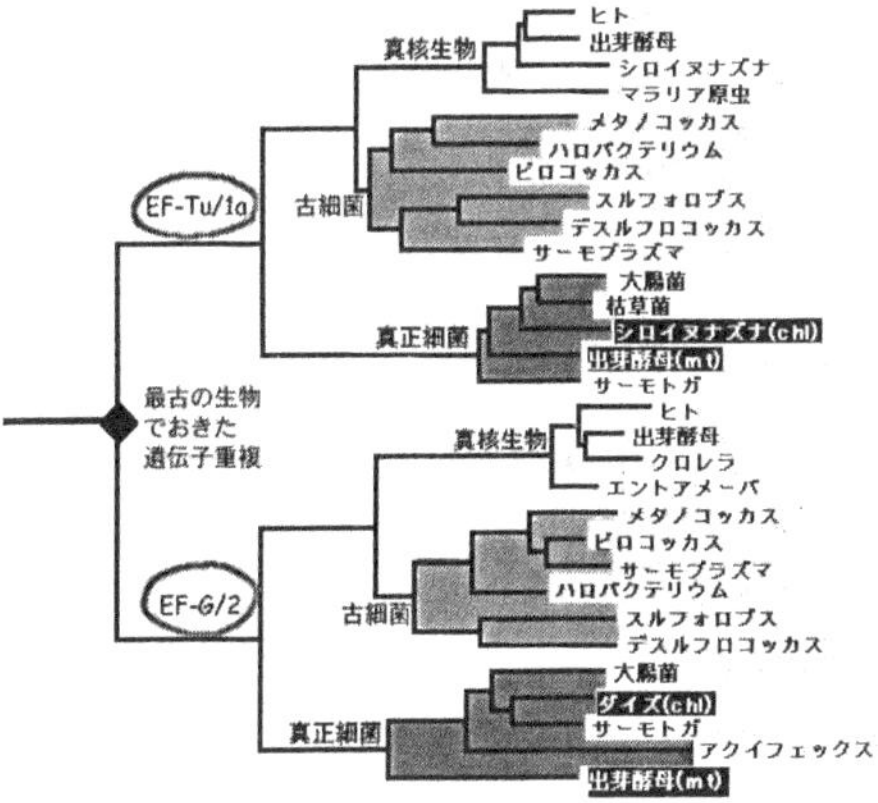

全ての生物が共有する遺伝子

全ての生物は、一つ一つアミノ酸をつないで鎖をのばすはたらきを持つ酵素、ポリペプチド伸長因子（EF-Tu/1a）と、この酵素にアミノ酸配列がよく似たもう一つの酵素（EF-G/2）を持っている。各生物種が持つこの二つの遺伝子の系統関係を調べたところ、真核生物、古細菌、真正細菌が登場する以前の生物で、遺伝子重複が起こったことが示唆された。詳しくは、web記事「生物最古の枝分かれ：問題点と重複遺伝子による解決」を参照。

これらのタンパク質は原則として、それぞれの種で固有のものがあるのではなく、全ての生きものに共通するものです。DNA複製や呼吸反応など、生命現象の基本を担う大事なものほど、種間での多様性が少なく、保存されているという一般則があります。つまり、「遺伝子」の中でも大事な機能を持つものは、人間と大腸菌が共有するということになります。

大事なものほど変わらず、皆で共有している。これが生きものの世界です。ましてや個体に特有の遺伝子などありません。自分のDNAに「私の遺伝子」という固有のモノがあり、それを残すために行動していると考えるのはピントはずれです。皆で共有する「遺伝子」を組み合わせることで、ヒトに特有のゲノムが生まれ、その中の一つとして「私のゲノム」があるのです。遺伝子で語れるのは分子の世界であり、個体の唯一性は遺伝子では語れません。

遺伝子のはたらきが理解できるようになったことは素晴らしいことです。ある遺伝子のはたらきが欠けたために病気が起きたことがわかれば、診断や治療法の開発につながることもたしかです。しかし、遺伝子研究がこれほど急速に進んでいるのに、そこから治療薬がどんどん生まれているわけではないことも事実です。なぜでしょうか。

すでに述べましたが、遺伝子はある特定の病気のために存在するのではありません。代謝などの反応の一部を担っているなかで病気と関わってくるのですから、一つの遺伝子がさまざまな病気の原因となり、一つの病気がさまざまな遺伝子のはたらきで決まるわけです。遺伝子の理解は、生きものの世界をよく知ることにつながる大事なことですが、遺伝子だけで〝生きる〟を説明しようとするのは意味がありません。

「私のゲノム」を考える

遺伝子で、「私」を語ることはできないとしたら、私の持つＤＮＡの全て、つまりゲノムではどうでしょうか。

個人の持つゲノムは、これまで見てきたように「唯一無二」の存在であり、「私のゲノム」という表現ができます。ゲノムは、遺伝子産物が総体として細胞ではたらくシステムを議論するのに有効であると同時に、その細胞が集まってできた個体の生きている仕組みを考えるのにも役立ちます。個体の始まりは受精卵であり、両親由来のゲノムが組み合わさってできた唯一無二のゲノムの始まりでもあります。

一方、ゲノムで考える範囲は、個体の枠ではおさまりません。ヒトという種の固有性は、「ヒトゲノム」で議論することができます。ヒトゲノムでヒトという種の多様性を見ると、個人間のゲノムの差は約〇・一％、五百万年前に共通祖先から分かれたとされるチンパンジーとの差は一・二％と見積もられています。これは、私のゲノムの唯一性とは、不連続な固有さではなく、他人とも、他種の生きものとも連続的につながったなかでの唯一無二であることを示しています。

また、個体の時間軸をゲノムで捉える新しい方法論が出てきています。これまでにも何度か登場した、エピジェネティックな変化の観察です。

ゲノムの塩基配列自体は（DNAの傷や複製エラーを除いて）一生を通じて不変ですが、DNAのメチル化、ヒストンのアセチル化といったゲノムのエピジェネティックな変化は、個体の一生を通じて蓄積していきます。それは細胞ごとに異なり、また同一のゲノムを持つ一卵性双生児でも異なることが最近わかりました。複数の一卵性双生児のゲノムのエピジェネティックな変化を調べた結果、幼児の双子間の差はあまり見られないのに対し、高齢者の双子の間では差が大きくなっていることが観察されたのです。

ある個体のゲノムのはたらき方に関わるエピジェネシスは、その個体の細胞だけが持つもので、たとえ体細胞クローンを作ったとしても再現されないものなのです（二〇〇二年に三毛猫の体細胞クローン個体の作製が発表されたが、三毛猫の模様はエピジェネティックな変化で決まっており、クローン個体ではまったく模様が異なってしまっていた）。一つの個体が生きた証《あか》しとして家族や仕事などがあるのと同じように、ゲノムは独自のものとして最後まではたらきます。しかし個体の死とともにそれは消えるのです。

子どもが生まれれば私のゲノムの一部はもちろん伝えられますが、まったく同じものが伝えられるのではありませんし、遺伝子の一つ一つは、多くの人が共有するものです。次の世代が生まれるということは新しい個体が生まれるということです。

日常の中で、子どもから孫へのつながりを感じるのは当然ですし、ゲノムとしてもその一部が確実に伝わります。しかし、「私のゲノム」は常に一代限りのものでもあるのです。それと同時にゲノムの中にある遺伝子は私だけのものではなく、全ての生きもののつながりの中にあります。私の遺伝子を伝えると思いこんでいる人には、それでは空《むな》しいと感じる人もいるかもしれませんが、そうではありません。

子どもに私の遺伝子を伝えると思っていると、もし子どもに恵まれなかった時、そこで私はつながらなかったと思うことになりますが、あなたのゲノムは生きものの全てとつながっているのですから、子どもがいないからといって「絶える」ことはないのです。〝生きている〟ということを見つめることによって、長い間続いていく生命の一つとしての自分を感じることができれば、視野が広がり心が広がります。

ゲノムを持って生きてきたあなた

生まれてから死ぬまで、ライフステージを考える医療を、ゲノムがどのようにはたらき、生きていることを支えているか、ゲノムのはたらきをどう助けるかという立場から見てきました。

ゲノムを切り口にすることで、生命現象を物質に還元する科学技術化した医療の利点と問題点が浮き彫りとなり、科学の知識を基本にしつつ、唯一無二の個人を対象とするためのオーダーメイド医療を考える手がかりがつかめると考えたからです。

　ゲノムは、分子から細胞、個体、種といった階層を貫く存

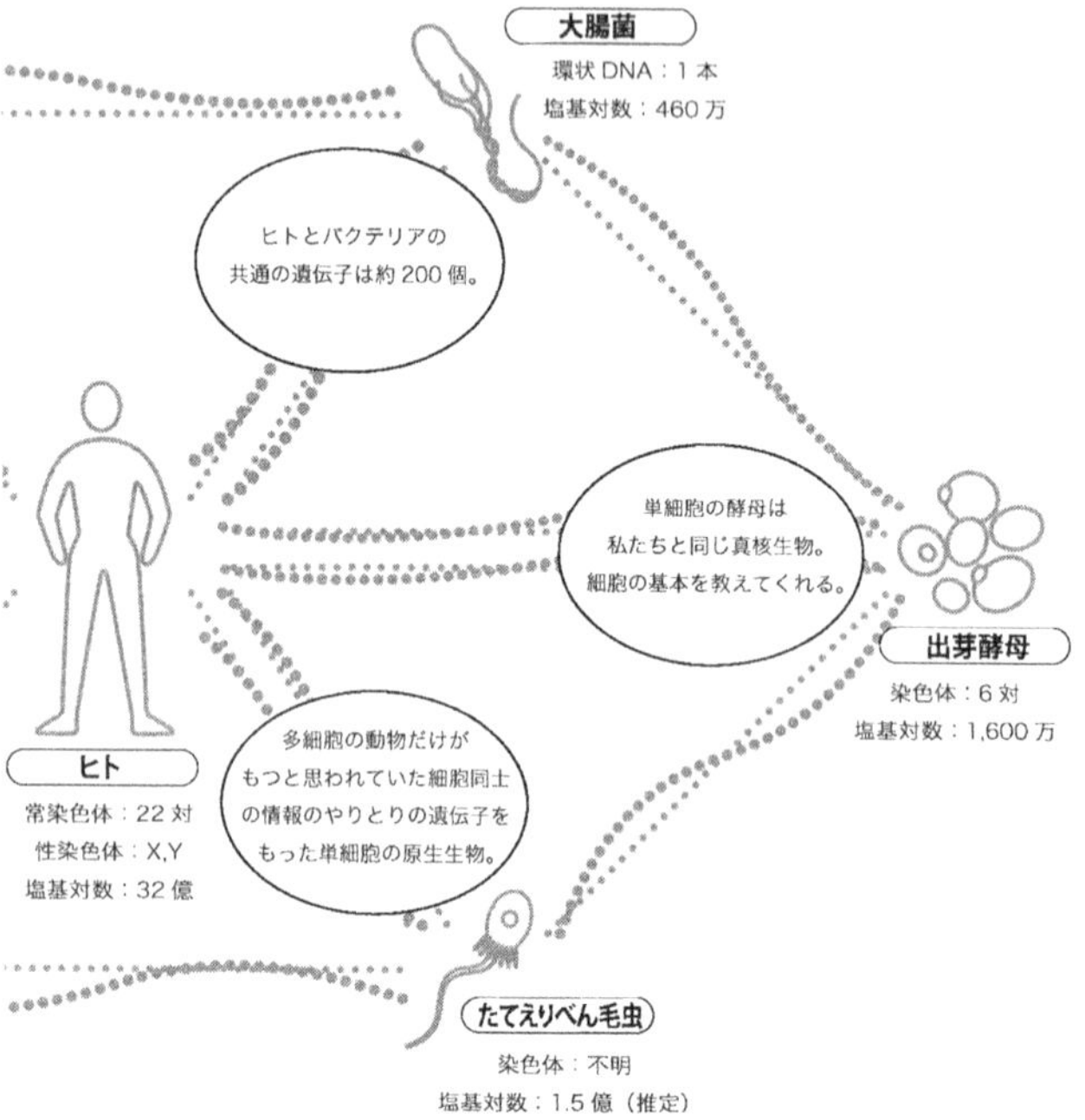
大腸菌
環状 DNA：1 本
塩基対数：460 万
ヒトとバクテリアの
共通の遺伝子は約 200 個。
単細胞の酵母は
私たちと同じ真核生物。
細胞の基本を教えてくれる。
出芽酵母
染色体：6 対
塩基対数：1,600 万
ヒト
常染色体：22 対
性染色体：X,Y
塩基対数：32 億
多細胞の動物だけが
もつと思われていた細胞同士
の情報のやりとりの遺伝子を
もった単細胞の原生生物。
たてえりべん毛虫
染色体：不明
塩基対数：1.5 億（推定）

在なので、このような医療の捉え方をすると、人間を診るという行為の中に、個人を見ながらもそこから広がる階層が見えてきます。

ライフステージ医療という長い旅の終わりに、念のため、もう一度確認しておきます。ゲノム（DNA）を切り口にしてはきましたけれど、生きものはゲノムが決めているもの

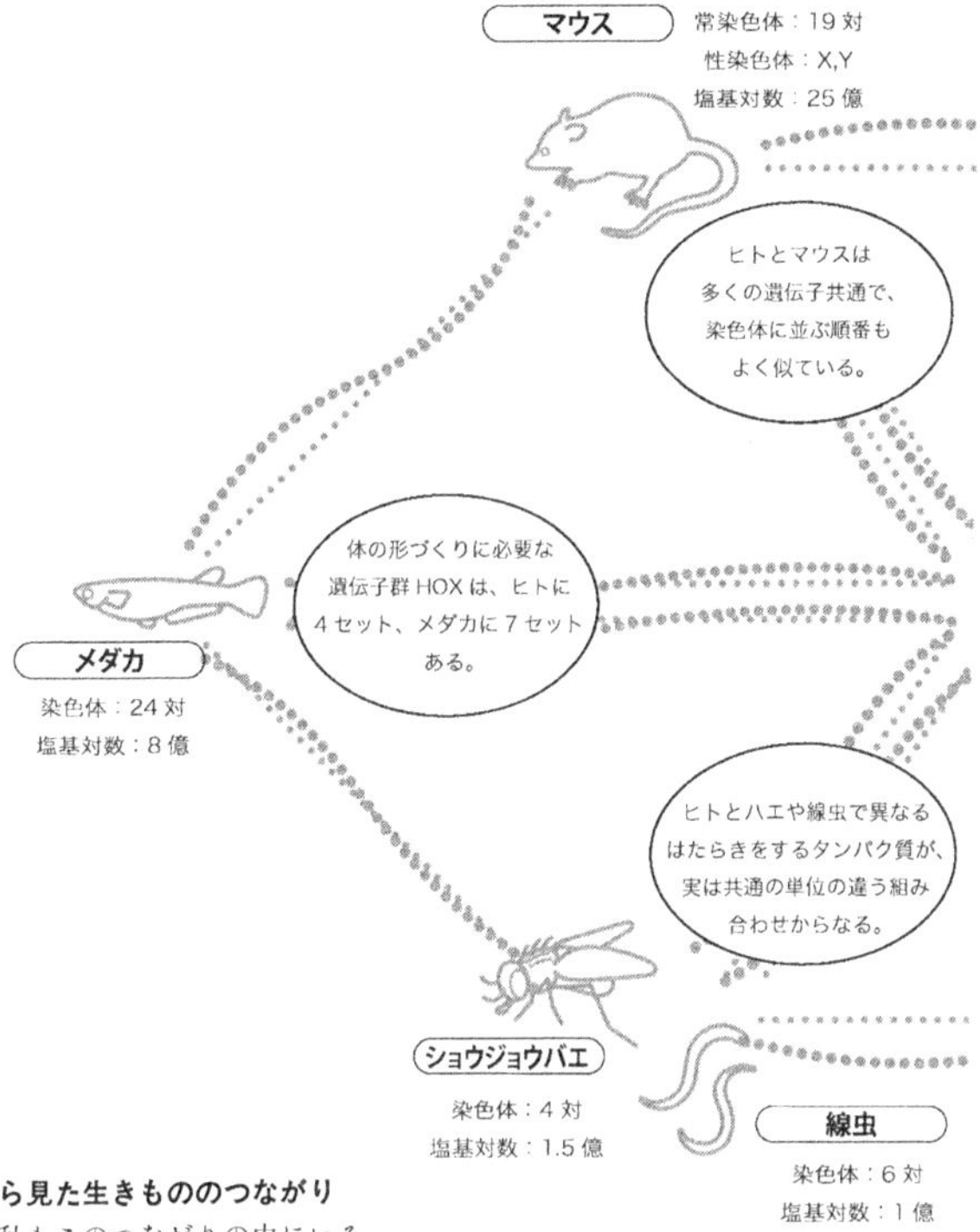
マウス
常染色体：19対
性染色体：X,Y
塩基対数：25億
ヒトとマウスは
多くの遺伝子共通で、
染色体に並ぶ順番も
よく似ている。
体の形づくりに必要な
遺伝子群 HOX は、ヒトに
4セット、メダカに7セット
ある。
メダカ
染色体：24対
塩基対数：8億
ヒトとハエや線虫で異なる
はたらきをするタンパク質が、
実は共通の単位の違う組み
合わせからなる。
ショウジョウバエ
染色体：4対
塩基対数：1.5億
線虫
染色体：6対
塩基対数：1億

ゲノムから見た生きもののつながり
あなたも私もこのつながりの中にいる。

ではありませんし、ましてやこれに操られているものでもありません。一人一人の存在そのものが大事であり、それを知る切り口の一つとしてゲノムを用いただけです。

私と他の人々、さらには生きものまでのつながりを考えることが、人生を豊かにしてくれると思い、そのような視点の中で、私が生きることを考え、その中で生きることを助ける医療を考えてきたのです。

あなたが今生きているという事実が、生きもののつながりを示しているのです。自分自身を大切にすることが、あらゆる人を、それだけでなく生きもののすべてを大切にすることにつながります。一人一人を大切にする、いのちを大切にする医療に支えられた生活を豊かな生活と呼んでよいと思います。ものやお金でははかれない豊かさです。

愛づる

ゲノムは物質ですので、ゲノムを切り口にするというと、物質的なイメージを持たれるかもしれません。しかし、これまでくり返しくり返し述べてきたようにゲノムにとって大事なのは「時間」です。あなたのゲノムは両親あってのもの、実はそれ以前にある三十八億年という生きものの歴史あってのものなのです。

時間を大切にしよう。遺伝子でなく、ゲノムで考えるということは、生きるということを時間を紡ぐ過程として見ていきましょうということです。ここで、医学・医療の基本に、生命誌が大切にしている言葉を贈ります。

「愛《め》づる」です。

平安時代の京都に住まっていらした「蟲《むし》愛づる姫君」(『堤中納言物語』の中にある物語です)。毛虫を小箱に入れて眺めているお姫様に周囲の人々は困り果てます。〝そんな汚いものを〟という侍女にお姫様はきっぱりといいます。「時間をかけてゆっくりごらんなさい。これは美しいチョウになるのよ。チョウになったらいのちは短い、はかないものです。生きているという本質はこの毛虫の中にある。そう思ってみると本当に可愛い」。

〝時間をかけてじっと見つめていると可愛くなる〟という気持ちが「愛づる」です。美しいから愛するとか、衝動的に好きになるというのとは違う、理性と感情が見事に混じり合った愛する気持ちです。

〝生きている〟を見つめる医療は、愛づる医療です。

あとがき

生命誌は、〝生きている〟を見つめ、〝生きる〟を考える知です。もともとは、生きものを見ているとおもしろい、生きているってどういうことなんだろうという関心から始まったのですが、ゲノムという切り口で見ると人間も生きものの一つとして見えてきますので、私たち人間はどこから来たのだろう、どのような存在なのだろうという問いに広がっていきました。それを進めているうちに、現代社会のありようが生きものに合わないことが見えてきました。

人間も生きものですから、日常生活の中で、なんだかおかしい、生きにくいと思うことが、増えているような気がするのは、実は社会が生きものに合っていないということなのではないかと考えるようになったのです。

たとえば医療。先端技術が取り入れられて大きく進歩しているようでありながら、一人一人が思いきり生きることを支えているだろうか。子どもが熱を出した、階段を踏み外し手足を痛めたというような日常に始まり、腫瘍が見つかった、脳梗塞で体が思うように動かないなど、誰もがいつそうなるかもしれないなかで、安心できる医療があるだろうか。そう考えるとたくさんの問題があることに気づきます。

そんなことを大阪医科大学（臨床医として、日々患者さんと接する医師を育てる教育が充実していることで知られています）の先生方とお話ししているうちに、医学教育に〝人間は生きものである〟という視点からの教育が欠けていることがわかってきました。医学部への進学者が高校で生物学を勉強していないとか、倫理の教育が不足しているということはよく話題になりますが、それよりも、〝人間が生きている〟という実感を持つ教育がないということのほうが問題ではないでしょうか。

現代医学の基礎になっている生命科学は、生命体で起きているメカニズムを教えますが、〝人間が生きている〟という実感につながる教育にはなっていません。倫理は〝脳死は人の死か〟というような突出した話題を突きつける形で教育されており、〝人間が生きている〟を基本に置いて考えるものになっていません。

たてまえとしては、医学概論で〝生きている〟とか〝生きる〟ということを考えさせることになっているのだと思います。ただ現状の医学教育では、教科書・講義ともに医学概論にはあまり力を入れられていないことがわかりました。そこで医学概論の一部として、〝生命誌〟から見た医療を語りかけたいと思うようになりました。二〇〇四年から、大阪医科大学の新入生と、講義とレポートという形での試みをした中で生まれたのが本書です。

〝生きている〟を見るとは、人間を分解せずにまるごと見るということですが、それはけっして新しい医療技術を否定するものではありません。生命科学が対象にしているゲノム（DNA）は、まるごと見るための手助けになります。先端の知識や技術は百パーセント活用したうえで、〝生きている〟を見る、それは具体的には時間をかけるということです。

医療の現場で時間をかけるということと同時に一生という時間を見るということ、時には三十八億年という生きものの時間の中に人間を置くことです。そこから生まれた、一人の人の一生を見るライフステージ医療を基本にすると、オーダーメイド医療が可能です（カタカナでの表現を避けたいと思っているのですが、これは他に表現が難しいので、この言葉を用いました）。世の中では、ヒトゲノム解析の成果をもとにした医療をこのように呼んでいますが、ここでのオーダーメイドはそうではないことは本文に書きました。

生命誌は三十八億年という歴史を持つ生きものへの目を持っていますが、それは一人の人間の一生、つまりライフステージにつながります。ともに重要なのは時間。〝生きている〟とは時間を紡ぐことだといってよいでしょう。長い長い生きものの歴史の中の存在としての私、一生を丁寧に送る私。この二つが重なった時に、確実に時間を紡いでいくことができるのだと思います。

これまでに述べてきたように、本書は、医学・医療に携わる専門家に〝生きている〟を見つめてほしいという気持ちから書き始めましたが、書いているうちに、患者になるかもしれない方、つまり全ての方に読んでいただきたいと思うようになりました。〝生きている〟を見る医療が行われ、心身の健康が保証される社会は、専門家だけでできるものではありませんから。

現代社会では、心の病も増えているように思います。病とまでいかなくとも対人関係の悩み、職場や学校でのいじめなど心に関する問題が浮かび上がっています。これもその根底には、現代社会の価値観が生きものに合わないという問題から生じているように思いますが、今回は心まではとりあげませんでした。時間をかけるということはそのような問題への答えにもつながると思いますので、いつか考えなければいけないと思っています。

テキスト作りでは、大阪医科大学の佐野浩一教授に医学教育の立場からの適確なアドバイスをいただきましたことに、心からのお礼を申し上げます。また、大学でのテキストとして考えていたものを、このような形で出版できるようにしてくださり、表現その他について助言をくださった講談社の本橋浩子さん、稲吉稔さんにお礼を申し上げます。

二〇〇七年一月

新しい年を迎え、今年が少しでも生きやすい社会に近づくようにと願いながら。

中村桂子

参考資料一覧

本書の基本になっている生命誌については、著者（中村）による以下の著書、
『自己創出する生命――普遍と個の物語』（ちくま学芸文庫）
『生命誌の世界』（NHKライブラリー、日本放送出版協会）
『ゲノムが語る生命――新しい知の創出』（集英社新書）
『季刊生命誌』（生命誌研究館のホームページhttp://www.brh.co.jp/　二〇〇二年度以降の季刊誌を年度ごとにまとめた『生命誌　年刊号』（新曜社）でもお読みいただけます）
また、DNAのはたらきについては、
『あなたの中のDNA』（ハヤカワ文庫）
を参照していただけるとありがたく思います。
その他、執筆の際に参照した資料は以下の通りです。

【生物学】
『岩波　生物学辞典　第四版』岩波書店　一九九八年
浅島誠編『発生・分化・再生研究2005』羊土社　二〇〇四年
アルバーツ他『細胞の分子生物学　第四版』教育社　二〇〇四年
池谷裕二『進化しすぎた脳　中高生と語る「大脳生理学」の最前線』朝日出版社　二〇〇四年
ウィンガーソン『遺伝子マッピング――ゲノム探究の現場』化学同人　一九九四年

小原雄治他編『ゲノムから生命システムへ』共立出版　二〇〇六年
田賀哲也・中畑龍俊編『ここまで進んだ幹細胞研究と再生医療２００６』羊土社　二〇〇六年
森山和道編集・発行『ScienceMail』(http://www.moriyama.com/sciencemail/)
Mario F. Fraga et al. Epigenetic differences arise during the lifetime of monozygotic twins. Proceedings of the National Academy of Sciences of the United States of America 102, 10604-10609 (2005)
Mayumi Ito et al. Stem cells in the hair follicle bulge contribute to wound repair but not to homeostasis of the epidermis. *nature medicine* 11, 1351-1354 (2005)
Scott F. Gilbert, Developmental Biology, Seventh Edition, Sinauer Associates Inc (2003)

【医学・医療】

『最新　メルクマニュアル　医学百科』日経ＢＰ　二〇〇四年
アンドルーズ、ネルキン『人体市場――商品化される臓器・細胞・ＤＮＡ』岩波書店　二〇〇二年
粥川準二『クローン人間』光文社新書　二〇〇三年
久保田競・宮井一郎編著『脳から見たリハビリ治療――脳卒中の麻痺を治す新しいリハビリの考え方』講談社ブルーバックス　二〇〇五年
厚生科学審議会生殖補助医療部会『精子・卵子・胚の提供等による生殖補助医療制度の整備に関する報告書』(http://www.mhlw.go.jp/shingi/2003/04/s0428-5a.html) 二〇〇三年
国立がんセンターがん対策情報センター『がん情報サービス』(http://ganjoho.ncc.go.jp/index.html)
長沖暁子代表『非配偶者間人工授精の現状に関する調査研究会（ＤＩ研究会）』(http://www.hc.keio.ac.jp/aid/index.html)

ネシー、ウィリアムズ『病気はなぜ、あるのか――進化医学による新しい理解』新曜社　二〇〇一年
菱山豊『生命倫理ハンドブック――生命科学の倫理的、法的、社会的問題』築地書館　二〇〇三年
マウラー『アルツハイマー――その生涯とアルツハイマー病発見の軌跡』保健同人社　二〇〇四年
森岡正博『生命学に何ができるか――脳死・フェミニズム・優生思想』勁草書房　二〇〇一年
文部科学省特定領域研究「ゲノム4領域」編『ゲノム医科学ＮＯＷ』二〇〇六年
柳田邦男『犠牲（サクリファイス）――わが息子・脳死の11日』文藝春秋　一九九五年
米本昌平『バイオエシックス』講談社現代新書　一九八五年
Santiago Munn et. al. Differences in chromosome susceptibility to aneuploidy and survival to first trimester. Reproductive BioMedicine Online vol.8 81-90 (2003)

講談社現代新書　1881

「生《い》きている」を見《み》つめる医療《いりょう》――ゲノムでよみとく生《せい》命《めい》誌《し》講《こう》座《ざ》

二〇〇七年三月二〇日第一刷発行　二〇二三年八月二日第七刷発行

著者　中《なか》村《むら》桂《けい》子《こ》＋山《やま》岸《ぎし》敦《あつし》

発行者　髙橋明男
発行所　株式会社講談社
東京都文京区音羽二丁目一二―二一　郵便番号一一二―八〇〇一
電話　〇三―五三九五―三五二一　編集（現代新書）
〇三―五三九五―四四一五　販売
〇三―五三九五―三六一五　業務
装幀者　中島英樹
印刷所　株式会社ＫＰＳプロダクツ
製本所　株式会社ＫＰＳプロダクツ
定価はカバーに表示してあります　Printed in Japan

N.D.C.460　270p　18cm
ISBN978-4-06-149881-5

「講談社現代新書」の刊行にあたって

教養は万人が身をもって養い創造すべきものであって、一部の専門家の占有物として、ただ一方的に人々の手もとに配布され伝達されうるものではありません。

しかし、不幸にしてわが国の現状では、教養の重要な養いとなるべき書物は、ほとんど講壇からの天下りや単なる解説に終始し、知識技術を真剣に希求する青少年・学生・一般民衆の根本的な疑問や興味は、けっして十分に答えられ、解きほぐされ、手引きされることがありません。万人の内奥から発した真正の教養への芽ばえが、こうして放置され、むなしく滅びさる運命にゆだねられているのです。

このことは、中・高校だけで教育をおわる人々の成長をはばんでいるだけでなく、大学に進んだり、インテリと目されたりする人々の精神力の健康さえもむしばみ、わが国の文化の実質をまことに脆弱なものにしています。単なる博識以上の根強い思索力・判断力、および確かな技術にささえられた教養を必要とする日本の将来にとって、これは真剣に憂慮されなければならない事態であるといわなければなりません。

わたしたちの「講談社現代新書」は、この事態の克服を意図して計画されたものです。これによってわたしたちは、講壇からの天下りでもなく、単なる解説書でもない、もっぱら万人の魂に生ずる初発的かつ根本的な問題をとらえ、掘り起こし、手引きし、しかも最新の知識への展望を万人に確立させる書物を、新しく世の中に送り出したいと念願しています。

わたしたちは、創業以来民衆を対象とする啓蒙の仕事に専心してきた講談社にとって、これこそもっともふさわしい課題であり、伝統ある出版社としての義務でもあると考えているのです。

一九六四年四月　野間省一